无人机光谱感知大田作物冠层信息研究

陈 震 程 千 段福义 等著

黄 河 水 利 出 版 社

·郑 州·

图书在版编目(CIP)数据

无人机光谱感知大田作物冠层信息研究/陈震等著
. —郑州:黄河水利出版社,2023.10
ISBN 978-7-5509-3764-2

Ⅰ.①无… Ⅱ.①陈… Ⅲ.①无人驾驶飞机–应用–
大田作物–产量分析–研究 Ⅳ.①S504.8

中国国家版本馆 CIP 数据核字(2023)200019 号

策划编辑 杨雯惠 电话:0371-66020903 E-mail:yangwenhui923@163.com

责任编辑 陈彦霞   责任校对 王单飞
封面设计 李思璇   责任监制 常红昕
出版发行 黄河水利出版社
        地址:河南省郑州市顺河路49号 邮政编码:450003
        网址:www.yrcp.com E-mail:hhslcbs@126.com
        发行部电话:0371-66020550
承印单位 河南博之雅印务有限公司
开   本 787 mm×1 092 mm 1/16
印   张 8.5
字   数 200 千字
版次印次 2023 年 10 月第 1 版   2023 年 10 月第 1 次印刷
定   价 70.00 元

前　言

　　农田集约化管理是现代农业发展的必然趋势,现代灌溉技术的研究与规模化应用为农田集约化管理提供了强有力的技术支撑,田间灌溉逐步向机械化、精准化、智慧化方向发展。自然环境变化和生产管理差异导致大田土壤状况和作物生长信息空间变异性较大,作物水肥需求呈现离散化特征,对集约化农田作物精准管理提出新要求。无人机遥感作为低空遥感系统,具有机动灵活、携带方便、可获取高时空分辨率数据、成本低等优势,为中小尺度的遥感应用研究提供了新的途径,在田间作物信息快速监测方面得到快速发展。

　　本书利用无人机光谱感知系统,获取作物不同生育阶段可见光、多光谱、热红外、高光谱等影像数据,定量刻画了作物冠层叶面积、株高、氮含量等信息的时空分布特征,为节约化农田水肥精准管理提供依据。具体如下:

　　(1)通过无人机遥感平台和机器学习算法,研究了不同水肥处理下夏玉米生长特征。发现叶面积指数、株高、生物量等指标对水肥胁迫响应显著,而且多光谱植被指数能够很好地表征胁迫状态,皮尔逊相关系数最高可达 0.89。采用多生育期数据融合、集成学习算法等手段,能进一步提高作物生长指标反演精度,如采用植被指数反演叶面积指数的决定系数 R^2 达到 0.967,反演株高的决定系数 R^2 达到 0.946,反演生物量的决定系数 R^2 达到 0.942。可见,不同生育期数据融合可以增加数据维度、集成学习算法优于单一的机器学习算法,为夏玉米冠层信息反演提供了理论支持。

　　(2)通过无人机热红外影像,研究了不同灌溉处理下夏玉米土壤含水率特征。分析了非冠层区域对冠层温度提取的影响,发现剔除非冠层区域获得的冠层温度低于不剔除非冠层区域获得的冠层温度,且非冠层区域面积越大,两者的差值也越大,为冠层温度处理提供了方法。采用冠气温差作为土壤含水率反演参数,分析不同生育时期数据发现表层(0~20 cm)土壤含水率差异较大时,冠气温差对土壤含水率反演的效果较好;反之效果则不理想。将冠气温差与叶面积指数相乘,并取其结果的相反数作为新的表征指标 D_{TL},与冠气温差相比,不同时期的反演精度均有不同程度的提高,为大田作物表层土壤含水率估测提供了新思路。

　　(3)通过无人机多模态数据与机器学习算法,研究了不同水肥处理下冬小麦水氮特征。发现基于单传感器估算植株含水率时,多光谱在估算冬小麦植株含水率方面表现出了较高的精度,在多时期融合后 R^2 最高可达到 0.97;采用多传感器数据融合和多个时期数据合并后能够进一步提高无人机数据对冬小麦植株含水率的估算效果,R^2 最高达到0.973。而对于氮肥特征,基于单传感器的氮含量估算时,多光谱数据在估算冬小麦氮含量方面优于可见光和热红外。虽然热红外的估算效果较差,但也显示出在冬小麦氮含量估算方面的潜力。同时,多传感器数据融合和多时期数据合并,同样有效提高了无人机光谱数据对冬小麦氮含量的估算效果,为冬小麦水氮特征感知提供了理论支持。

（4）通过无人机光谱数据估测了冬小麦产量，在收获前实时了解产量状况，帮助作物田间管理。研究发现开花期和灌浆期的植被指数与产量均具有较强的相关性，灌浆期的植被指数对产量的估算效果最好，构建的最优估算模型 R^2 达到 0.730；基于无人机的高光谱图像，提取了窄带高光谱指数，使用特征选择方法优选光谱指数，并构建了基于决策层融合的机器学习模型，发现该模型在使用首选特征时表现优于基础模型并达到最高的准确性，R^2 最高达到 0.780，可见高光谱图像的波谱分辨率更高，可构建的植被指数更广泛，对冬小麦产量估测精度更高。

（5）通过无人机光谱感知大田作物冠层信息方法的研究，为大田作物精准灌溉提供了理论支持。在进行灌溉管理时，基于冠层温度数据，利用 QWaterModel 模型，可计算冬小麦冠层蒸散发量，结合无人机多源数据融合估算的土壤含水率，可以绘制灌溉处方图，为大田作物精准灌溉提供技术支撑。

本书中的方法能够有效获取大田作物冠层信息，定量刻画作物水肥需求特征，提升集约化农田生产管理水平，为现代农业水肥信息感知、决策等方面提供借鉴。

本书撰写过程中，作者力求数据准确、方法科学、观点明确，尽管做了最大努力以避免出现错误，但由于能力和水平有限，书中可能存在疏漏和不当之处，敬请读者不吝赐教，批评改正！

作　者

2023 年 8 月

主要符号对照表

英文缩写	英文全称	中文名称
CK	Control Check	对照小区
DSM	Digital Surface Model	数字地表模型
ET	Evapo Transpiration	蒸散量
GPR	Gaussian Process Regression	高斯过程回归
K	Kalium	钾
LASSO	Least absolute shrinkage and selection operator	套索算法
LAI	Leaf Area Index	叶面积指数
MLR	Multiple Linear Regression	多元线性回归
N	Nitrogen	氮
P	Phosphorus	磷
RF	Random Forest	随机森林算法
RGB	Red, Green, Blue	可见光图像
SVR	Support Vector Regression	支持向量回归
SWC	Soil water content	土壤体积含水率
W_i	Irrigation Quota	灌水定额

目　录

第1章 绪 论

1.1 研究背景与意义

我国是世界农业大国,耕地面积广大,但是日益增加的人口导致对粮食的需求量不断增大,国内的粮食产量不足以满足国内需求,需要提高国家的粮食产量。因此,高效利用耕地以及生产力最大化对维护我国粮食安全和人民需求意义重大。我国是一个水资源匮乏的国家,农业用水占比很大,但是传统的灌溉方式(大水漫灌等)不仅消耗了大量的人力、物力,而且造成了水资源的严重浪费。目前,高效用水、精准灌溉已经成为大众研究热点,利用有限的水量取得更高的经济效益、生态效益和社会效益愈发重要。肥料是农业生产中的重点,对农作物的增产起到关键作用,另外肥料合理利用至关重要,不合理的肥料利用会造成环境污染、资源浪费、粮食减产等问题,严重制约肥料行业的发展和粮食安全稳定。因此,水肥管理及其有效利用在精准农业中极为重要。

从1960年开始我国农业机械化水平不断提高,截至2020年农业综合机械化率达到71.25%,较"十二五"计划末提高7.43%。但我国农业机械化主要集中在耕种收方面,在水肥管理方面机械化、精准化程度不高。而水肥对作物的正常生长发育至关重要,因此实现水肥自动化精准管理是农业科研的热点,也是现实生产中所面临的困难。水肥亏缺会影响作物正常生长发育并最终造成减产,而过度地用水施肥也会造成土地资源浪费和污染等问题。因此,实现作物水肥胁迫程度及时准确的判断,对科学有效地建立灌溉管理体系,保障作物的正常生长发育,提升水肥利用效率具有重要意义。随着农业现代化的发展,智慧灌溉、精准灌溉成为研究热点,智慧灌溉可以认为是灌溉行业追求的理想目标,也是智慧农业不可缺少的一环。如何方便、快速、准确、可靠地获取作物信息是实施智慧灌溉较为关键的问题之一。研究表明,光谱植被指数能够反演作物生理生长指标(Barradas et al.,2018),进而判断田间水肥信息。无人机遥感系统可以精准获取作物的表型信息,为农田信息获取提供了新手段。但是,当前在光谱反演作物水肥亏缺程度的研究中,由于大田复杂的环境以及时空和地区的差异,反演精准度是需要攻克的难题,也缺乏足够的数据支撑。为此,开展基于无人机光谱的灌溉信息反演研究,可以为推广大田灌溉精准化、信息化提供技术和理论支撑。

玉米是世界上分布最广的粮食作物,也是当前中国种植面积最大的粮食作物。根据中华人民共和国农业农村部最新数据,2021年玉米种植面积达到4 332.4万 hm²,约占全国粮食播种面积的36.8%。年产量达到了27 255.2万 t,约占粮食总产量的40%,比水稻产量高28%,接近小麦产量的2倍。因此,保证玉米产量无疑对我国粮食生产安全起到了至关重要的作用。本书以华北地区夏玉米为研究对象,借助无人机遥感平台获取多源光谱数据,重点研究不同水肥处理下大田夏玉米冠层光谱响应,判断水肥亏缺程度。

小麦作为我国三大粮食作物之一,其经济价值和营养价值都较高,是我国粮食系统中的奠基石,因此对小麦的研究愈发重要(Tao et al.,2020)。小麦的研究中对产量和地上生物量的研究较为重要。小麦的高产稳产关乎国计民生,是我国经济平稳快速发展的基石,对于保障国家粮食安全具有重要意义(Fei et al.,2021a)。小麦的地上生物量是反映小麦生长规律以及与周边环境关系的重要信息,揭示了小麦生产能力和健康状况,对小麦的田间管理尤为重要(Yue et al.,2021),因此快速有效地获取产量和地上生物量的参数信息在小麦的研究中尤为重要。传统的获取方式为在田间进行破坏性取样来确定产量和生物量,不仅耗费大量的人力物力,客观性差,缺乏稳健性和可持续性,而且不能监测作物整个生育期的生长情况,空间覆盖范围不全。遥感技术的发展提供了一种非破坏性、高效的方法,具有很好的发展前景。近些年来,快速发展的近端遥感技术可在不同生长环境下全生育期对冬小麦产量和地上生物量进行快速无损估测(Li et al.,2020)。氮素是冬小麦生长发育的必需元素,是叶绿素的重要组成部分,直接影响着叶片的光合作用(Lin et al.,2022)。如氮肥施加过少,会影响冬小麦的正常生长,导致产量减少(Wang et al.,2021)。如氮肥施加过多,则会造成资源浪费,并且污染环境。因此,在早期及时准确地监测冬小麦氮含量能够指导合理科学的施肥方案,在保证高产的同时可减少资源浪费和环境污染。水是冬小麦生长不可或缺的资源,占植株组成成分的80%以上,田间灌溉的多少影响着冬小麦的植株含水率,因此田间灌溉量对冬小麦产量有着决定性作用(李辰等,2021)。获取田间灌溉需求量需要灌溉处方图的支持,精准详细的灌溉处方图能够有效地指导田间灌溉进而提高产量,减少水肥资源投入,实现节本增效。为此,构建农作物的灌溉处方图对于实现精准灌溉以及智慧灌溉有着十分重要的意义,然而传统田间调查很难获取较为准确的灌溉处方图,并且费时费力,需要新方法、新技术来实现此目标。

随着遥感技术的发展,卫星遥感和无人机遥感已经应用于许多领域中。卫星遥感覆盖面积十分广泛,分辨率已经能够满足许多领域的需求。目前,光学卫星的分辨率已经可以达到亚米级,即1 m以下。"高分十一号"遥感卫星的空间分辨率近距离达到0.1~0.5 m(周斌 等,2022)。但是卫星数据的空间分辨率还不足以支持小区块尺度下的应用,并且容易受气候以及云层影响,限制了对作物各个生长阶段生长信息获取的能力。无人机是一种相对于卫星更为灵活的遥感技术,其体积小、质量轻、成本低、应用范围广、便于携带以及使用方便。无人机遥感相对于卫星遥感,提升了时间和空间上的分辨率。低空无人机遥感技术是以无人机为载体,加载多种类型光谱传感器进而获取地面影像和数据,其分辨率可以达到亚厘米级。低空无人机遥感技术发展迅速,已经广泛应用于测绘、国土资源环境调查、自然灾害监测等诸多领域,可满足当前精准农业和智慧农业的发展需求。目前,也已经有学者通过无人机遥感技术反演田间灌溉处方图(陈震,2020)。

本书探究了不同水肥处理下无人机遥感在作物产量和生物量方面的应用,将玉米、冬小麦作为研究对象,重点探究了采用无人机多光谱、热红外和高光谱影像数据,基于不同机器学习算法构建玉米、冬小麦的产量和生物量估算模型。监测作物的生长状况和产量,为玉米、冬小麦的产量和生长状况研究提供方法,为无人机遥感平台在精准农业、智慧农业中的应用发展提供技术支撑。

1.2　国内外研究进展

农田信息主要包括株高、生物量、叶面积指数、叶绿素含量、植株养分含量等生长指标(纪景纯 等,2019),以及土壤含水率、土壤养分、土壤类型、温度、光照等环境信息。智慧灌溉需要利用现代化信息技术采集农田灌溉信息,实现精准化、智能化水肥管理。传统获取信息的方法需要耗费较高的时间成本和劳动成本,农田信息的全面监测较难实现。卫星遥感具有地面覆盖率高、数据量大等优点,能够在短时间内采集大量数据,实现大范围内的全面监测。但卫星遥感存在运行成本高、信息获取不及时、分辨率低等问题。无人机由于体积小、运行成本低、方便快捷、省时省力、可获取低空高精度遥感图像、可随时自主作业等优点成为了大田尺度上遥感平台的首选,相关研究也逐渐增多。如作物生长指标反演、作物分类、作物生长环境信息监测、病虫害感知、产量预测等。无人机作业的大致流程为:首先,通过可见光、热红外、多光谱、高光谱等类型传感器获取光谱图像;然后,将图像传至地面工作站进行处理运算,反演出整片农田的作物生长状态和环境状况;最终,由专家决策制定出科学合理的管理制度指导农田管理。这有助于农田的自动化精准管理,解放劳动力,推动智慧农业和高标准农田的发展。

1.2.1　土壤含水率的监测

为作物提供最佳的生长环境,对高产优产至关重要。土壤含水率是确定作物是否需要灌溉的标准。传统的土壤含水率监测方法如烘干法、中子仪法、张力计法等,都存在一个共同的缺点,就是"点监测"(田宏武 等,2016),无法准确地获取整个农田的水分亏缺程度。近年,无人机低空遥感的推广及使用为土壤含水率的监测提供了新的方法(Ishida et al. ,2018)。光谱反演土壤含水率原理是通过土壤反射率与土壤水分之间的相关关系来估算土壤含水率(马春芽 等,2018),其中热红外图像分析大多基于作物水分胁迫指数(crop water stress index,CWSI)。早期的热红外图像反演技术采用的还是手持或车载红外测温仪,如通过热红外建立冬小麦水分胁迫监测模型指导灌溉(Gontia et al. ,2008)。随着无人机技术的快速发展,以无人机搭载热红外相机获取冠层热红外影像进而诊断作物水分胁迫的研究开始兴起,如反演不同灌溉处理下苹果冠层温度空间分布(Gomez-Candon et al. ,2016),发现冠层温度随灌水量的减少而升高。基于热红外图像反演核桃园不同深度土壤水分含量(孙圣 等,2018),结果发现 40~60 cm 土层深度土壤含水率与冠层温度表现出最佳的相关性。利用热红外图像计算了 CWSI、线性热指数(linear thermal index,I_g)以及冠气温差(Pagay et al. ,2019),通过比较 3 个指标与传统水分状况评价指标凌晨叶水势(predawn leaf water potential,ψ_{pd})、茎水势(stem water potential,ψ_s)、气孔导度(stomatal conductance,g_s)的相关性判断 3 个指标反演土壤含水率精准度,结果表明冠气温差在凉爽潮湿的季节具有更强的相关性。通过冠层温度计算 CWSI 反演土壤含水率的研究一直在探索,但冠层温度容易受其他外界因素或者获取方法的影响使得反演精度降低,CWSI 中的干湿参考面精准获取又较难实现,寻找其他反演土壤含水率的方法变得更为重要。

此外,国内外许多学者尝试利用多光谱诊断土壤含水率。不同含水率的土壤具有不同的光谱响应特征,多光谱反演作物水分胁迫状况就是利用这一原理,建立土壤含水率与光谱特征的定量关系。Hassan-Esfahani(2015)等指出利用多光谱图像建立模型估算表层土壤水分有效性,相关系数达到 88%。张智韬等(2018)通过 3 种机器学习回归算法建立基于多光谱波段反射率的土壤含水率回归模型,结果证明逐步回归算法构建的反演模型效果最佳,且与土壤含水率最显著的波段为近红外波段。一些学者也都做了相关研究并得出了类似的结论(陈硕博 等,2018)。李鑫星等(2020)采用另外几种算法建立了土壤含水率反演模型,通过对比分析发现 BP 神经网络算法构建的模型效果最好。Baluja 等(2012)通过分析发现气温与 g_s($R^2 = 0.68$,$P<0.01$)和 ψ_s($R^2 = 0.50$,$P < 0.05$)显著相关,不同的植被指数与葡萄园的水分状况有关,其中归一化植被指数(normalized difference vegetation index,NDVI)和转化叶绿素吸收比值指数(TCARI/OSAVI)表现出和 ψ_s、g_s 最高的相关性。

可以看出,目前针对光谱反演土壤水分方面的研究十分广泛,可见光、热红外、多光谱、高光谱的研究均已取得阶段性成果(陈震 等,2019)。未来光谱反演土壤水分的研究更多地要集中在反演精度的提高以及适用性的拓展,形成统一的评价指标,建立定量诊断模型。

1.2.2　作物生长指标监测

作物生长指标表征作物长势,主要包括作物叶面积指数(leaf area index,LAI)、株高、生物量等。对生长指标的实时监测,能够及时了解作物在不同生育时期的生长状况以及水肥亏缺状况,可指导变量用水施肥,时序上的监测可分析作物生长变化、作物物候、作物产量等,以达到节水省肥提高水分生产效率的目的,尽量避免造成不必要的资源浪费,减少土地河流和生态污染,助力绿色农业的发展。

1.2.2.1　作物叶面积估算

LAI 的大小不仅是反映作物长势的重要指标之一,也直接影响作物最终的产量,适宜的 LAI 会使作物获得更高的产量。LAI 的监测对于指导农田灌溉的正常实施具有重要意义。传统的 LAI 测量费时费力,将测量结果外推到大尺度会因为作物异质性而产生误差。过去几十年的遥感发展为大规模可靠估算 LAI 开辟了一条新途径。为了实现精确的 LAI 监测,近几十年出现了许多基于遥感的方法。遥感可以提供大面积的作物生长信息,通常用于监测整个生长季节的作物生长。由于天气、轨道周期、空间分辨率等的影响,卫星遥感往往难以及时提供高质量的图像。无人机遥感可以利用对农田的精细化动态连续监测,弥补卫星遥感的不足。在基于无人机遥感的作物表型监测领域,目前的研究大多采用基于光谱指数的统计方法来反演作物 LAI。研究主要集中在三个方面:第一个方面是在现有指标的基础上,寻找一个对 LAI 变化更敏感的波段反射率或者指数。Zhang 等(2019)使用高度指数法和分割法从 RGB 图像中提取冠层覆盖度和高度信息来估计森林 LAI。结果表明,通过分割法提取的冠层覆盖度和高度信息的组合给出了森林 LAI 的最佳估计精度($R^2 = 0.833$)。Duan 等(2019)基于傅立叶光谱纹理来估计水稻 LAI,结果表明,傅立叶光谱纹理可以提高水稻 LAI 估计的准确性。这项研究表明纹理特征可能比光谱特征更能有效地估计水稻 LAI。郑踊谦等(2019)采用叶片反射率模型(PROSPECT)和遥感冠层反射率模型(SAILH)的模拟数据结合地面实测数据和高光谱数据,评价了多个植被指数对 LAI 的敏感程度并筛选出了最优的植被指数以及波段组合。第二个方面是研究利用不同算法或模型反演 LAI 以构建更高精度的模型。Zhang 等(2021)发现结合应用竞争自适应重加权采样结合连续投影算法选择特征波段,并借助 Xgboost 算法构建的 LAI 反演模型具有最佳性能,优于偏最小二乘回归和支持向量机回归,且该模型对校准集和验证集产生了相同的决定系数($R^2 = 0.89$)。LI 等(2015)将 PROSAIL 模型结合农艺知识应用于作物生长监测,显著提高了 LAI 的估算精度。第三个方面是借助多源光谱(RGB、多光谱、高光谱、热红外、激光雷达等)融合方法提高无人机遥感反演 LAI 的能力。Gong 等(2021)发现利用多光谱植被指数与从 RGB 图像中提取的冠层高度的乘积估算 LAI 可以降低物候特异性的影响,估计误差小于 24%。Liu 等(2021)研究了 RGB、多光谱和热红外等图像反演夏玉米 LAI,发现多模态数据反演优于单数据源或双数据源。

目前,已有的反演模型多基于单一的机器学习算法构建,对于集成学习算法的应用还处于起步阶段。机器学习是指通过半自动或自动建模来解决问题,目的是减少人为干预。在当前基于无人机的作物表型研究中,常用的机器学习算法有支持向量机(support vector machine,SVM)、随机森林(random forest, RF)、高斯过程回归(gaussian process regression,GPR)、LASSO 回归(least absolute shrinkage and selection operator, LASSO)、K 最邻近(K-nearest neighbor,KNN)、梯度提升树(gradient boosting decison tree, GBDT)等。近年来,随着计算机技术和机器学习理论的发展,集成学习算法越来越多地应用于各个领域。集成学习的基本思想是将单一的机器学习算法通过一定的规则组合起来,以获得各方面表现更优异的模型。即使其中某个算法所得到的结果是不正确的,在集成学习算法的规则下也可以将其排除在外,使模型达到减少方差、偏差或提高准确率的效果。集成学习算法对各种规模的数据集都有很好的响应,目前常用的主要有自助聚合算法(bagging)、提升算法(boosting)、堆叠算法(stacking)。许多学者针对集成学习算法在作物表型研究中的表现进行了相关研究。Ilniyaz 等(2022)使用 5 种机器学习方法对葡萄园 LAI 进行反演,并基于这 5 种模型构建了一个集成学习模型,结果表明集成模型效果优于 5 种模型。Ge 等(2021)基于无人机 RGB 图像,提出了硬投票、软投票和模型叠加 3 种集成模型来监测水稻物候。结果表明,集成模型在所有数据集上都优于单一机器学习模型。与最佳单一模型相比,软投票策略将判断物候的整体准确率和平均得分分别提高了 5% 和 7%。

1.2.2.2　作物株高提取

株高定义为自植株根部至主茎顶端之间的高度,对玉米而言,在抽雄期以前株高为植株最高点至地面的距离,抽雄期以后株高记录为雄穗顶端至地面的距离。作为作物长势主要的个体指标之一,株高的监测对于农田管理,尤其是玉米生产管理意义重大。因为玉米区别于小麦、水稻、大豆等作物,其株高大无分蘖,这一形态导致株高对长势的影响显著。低矮的植株因为得不到充足的光照而发育迟缓,严重的会停止发育甚至枯萎。国外研究中,日本学者(Watanabe et al.,2017)采用无人机遥感可见光和多光谱影像提取大豆株高,结合人工测量值,提出了消减株高提取低矮植株易受高大植株遮挡影响株高提取的方法,结果发现拟合模型 R^2 在 0.6 左右。Holman 等(2016)计算冬小麦不同生育时期各试验小区的株高并与人工测量值拟合,结果表明无人机影像提取出的株高值与地面观测株高值相关性显著,R^2 均高于 0.95,表明了采用光谱数字表面模型(digital surface model,DSM)计量株高是可行的。国内研究中,杨进等(2021)利用 RGB 和多光谱 DEM 提取玉米群体的高度,发现 RGB 和多光谱均能反映玉米株高差异,且不同生育阶段对玉米株高监测精度具有较大影响,生育前期和生育后期群体株高被严重低估。Ji 等(2022)基于无人机可见光的蚕豆株高反演精度研究,结果表明,可见光图像中提取的株高最大值中,80% 的数据集规格与地面测量值的拟合程度最好,其相关系数(r)、均方根误差(root mean squared error,RMSE)和归一化均方根误差(nRMSE)分别为 0.991 5、1.441 1 cm 和 5.02%。随着研究的深入,从起初的激光雷达获取三维点云,到消费级无人机光谱影像获取 DSM,株高仅通过影像的 DSM 提取,并且同样可以高效精准地估算作物冠层高度,使得农业管理成本大大降低,为农业领域相关研究提供了切实有效的数据支撑。

1.2.2.3　地上生物量反演

某一区域的总生物量按部位分为地上生物量(above ground biomass,AGB)和地下生物量。地上生物量指作物地上部分积累的物质的总量,用于表征作物生长状况和预测作物产量,狭义上的生物量既可以是地上部分鲜重也可以是干重。通过光谱估算 AGB 的模型主要为经验模型、作物生长模型和半机制模型。任建强等(2018)筛选出了对冬小麦地上干生物量敏感的光谱波段中心并在此基础上构建反演模型,结果表明,以波段 B18、波段 B82 构建的模型精度最高。刘明星等(2020)采用植被指数反演冬小麦 LAI 进而估算地上生物量,2 年数据模拟地上生物量 R^2 均在 0.8 以上。Lu 等(2019)基于无人机 RGB 影像利用逐步多元线性回归和三种机器学习算法评价了植被指数、冠层高度及其组合在小麦 AGB 预测中的表现,结果表明,两者组合提高了小麦 AGB 的预测准确度。邓江等(2019)分析无人机近红外影像的植被指数在棉花各生育时期的 AGB 估算效果,得出了不同生育时期的最佳二元线性拟合模型,决定系数 R^2 均在 0.79 以上。Kross 等(2015)对估算玉米和大豆的叶面积指数和生物量的植被指数进行评估,发现累积植被指数在估算地上总干生物量方面表现突出,尤其是玉米($C_v \leqslant 0.2$)。陶惠林等(2019)利用可见光指数,构建了多生育时期融合的生物量估算模型,结果表明多生育时期融合模型反演精度优于单生育时期模型,逐步回归生物量估算模型估算效果最佳。大量研究均表明,无人机光谱反演作物生物量精度较高,但在不同水肥处理情景下模型反演精度如何还需进一步研究,寻找效果更优的机器学习算法模型也是当前研究的主要方向之一。

1.2.2.4 冬小麦氮含量监测

在光谱带中,近红外波段和可见光区对冬小麦氮含量较为敏感。无人机多光谱和高光谱数据获得的光谱信息构建的各种植被指数可以有效估算作物氮含量、叶面积指数、生物量等各种生理生长指标。不同植被指数适应作物的不同生长环境以及对不同的作物性状的敏感度不同,如 RECI 对冠层叶绿素含量较为敏感,MSAVI 适用于裸土比例较高的情况,从而对田间的早期植被比较敏感。在作物表型反演过程中,为了获得更好的估算效果,通常同时使用多种植被指数来弥补彼此之间的不足。从无人机光传感器和激光雷达扫描系统中获得的作物株高、冠层覆盖度等结构信息与作物表型性状存在着相关性,一般来说,株高和冠层覆盖度越高冬小麦生长状况越好。冠层结构信息在估算作物产量、氮含量等方面已被证实具有可行性(Gilliot et al.,2021)。作物冠层温度受叶片气孔水汽通量影响,与作物水分、光合作用和蒸腾作用有关,可以反映出作物生长状况(Elsayed et al.,2020)。以往研究表明,冬小麦氮含量与冠层温度存在负相关关系(Pancorbo et al.,2021)。目前,国内外已有学者通过无人机遥感技术对冬小麦等作物的氮含量进行估算。刘帅兵等(2019)使用无人机数码影像,提取冬小麦多个植被指数作为特征向量参与建模,利用多元线性回归构建冬小麦氮含量估算模型,在挑旗期叶片氮含量的估算模型的 R^2 达到 0.85。刘昌华等(2018)通过无人机多光谱数据,构建返青期、拔节期、孕穗期、扬花期四个生育期的冬小麦氮含量估算模型,结果发现在扬花期的 DATT 幂函数模型的估算精度最高,R^2 达到 0.95。Zhang 等(2022)通过利用无人机高光谱影像数据,以及多个植被指数参数,获得精度较高的冬小麦氮含量岭回归估算模型,R^2 达到 0.87。

1.2.2.5 作物产量估算

作物产量估算一直以来是国内外学者研究的重点。目前,已有诸多国内外学者通过无人机平台对小麦等农作物进行产量估算。王来刚等(2022)使用随机森林算法,构建的融合多源时空数据的冬小麦产量估算模型精度较高;Fei 等(2021)基于冬小麦无人机多光谱数据,通过集成学习方法构建的产量估算模型精度较高;程千等(2021)采集不同水分亏缺条件下冬小麦多光谱图像,通过偏最小二乘、支持向量机和随机森林的方法,利用冬小麦多时相植被指数构建产量估算模型,结果表明多种植被指数随着冬小麦的生长估算精度不断提高,且随机森林回归模型估算效果最好;王晶晶等(2022)通过不同灌溉与施氮肥处理下的多个时期冬小麦的无人机多光谱遥感数据估算产量,结果表明冬小麦多生育期的产量估算模型的精度高于单生育期的估算模型精度,且从起身期到灌浆后期期间的 8 个时期构建的模型估算精度最高,R^2 达到 0.96,nRMSE 为 5.39%。Fu 等(2020)

通过无人机多光谱图像数据,使用多种机器学习算法,预测了多个时期小麦产量,在拔节期、抽穗期、开花期和灌浆期,采用 NDVI 构建的随机森林估算模型具有最高精度,R^2 为 0.78,rRMSE 为 0.103。

1.2.2.6　冬小麦含水率监测

目前,国内外对冬小麦等作物含水率的研究已经取得一定的进展。魏青等(2019)利用无人机多光谱图像数据估算冬小麦植株含水率,建立了逐步回归估算模型,估算 R^2 达到 0.83,能够快速有效估算冬小麦含水率。姚志华等(2019)利用无人机热红外图像数据,提取冠层温度,同时测定冬小麦叶片多种与含水率相关数据以及土壤含水率,研究不同水分胁迫指数和各个参数之间的关系,在多元模型中得到最高精度,R^2 达到 0.928。对于其他作物,Crusiol 等(2022)利用无人机高光谱数据和地面高光谱数据估算玉米叶片含水率,使用偏最小二乘回归模型获得的最佳估算模型精度的 R^2 达到 0.80,并且证明无人机高光谱和地面高光谱数据在估算玉米叶片含水率方面具有互补的潜力。张旭等(2022)通过无人机多光谱数据对田间葡萄叶片含水率进行预测,5 个原始波段作为输入特征,使用融合遗传算法优化后的 BP 神经网络建立预测模型,验证集的相关系数 r 达到 0.814,反演结果较为理想。Chen 等(2020)通过无人机多光谱图像数据提取了多种植被指数,利用数学方法融合到植被供水指数(VSWI)中,使用一元线性模型和多元线性模型估算叶、叶柄、茎以及棉铃的含水率,其中多元线性模型对多种含水率估算效果的决定系数均接近或大于 0.8,RMSE 小于 17.18,RE 小于 18%。Ndlovu 等(2021)使用无人机多光谱图像监测玉米作物水分状况,发现近红外和红边衍生光谱变量对于表征玉米水分指标至关重要。

1.2.3　存在的问题

(1)随着无人机及各类相机的飞速发展,如何将无人机光谱感知技术更好地应用到智慧灌溉管理当中去,特别是利用无人机获取的高分辨率影像反演田间水肥亏缺状况,需要通过进一步的试验研究加以明确。

(2)不同水肥处理情境下无人机光谱反演作物冠层信息及生长指标的精度如何还需进一步讨论。对于不同的作物、不同的生长时期、不同的生长环境,敏感的特征波段可能会不同,虽然可以通过相关指数减小误差,但不同学者所采用的光谱指数难以统一,导致模型缺乏可靠性和普适性。未来反演模型构建应致力于数据筛选和算法优化。光谱相机种类较多,应合理利用不同光谱数据构建反演模型,提高预测模型的分析精度和准确度。另外,单一机器学习算法在不同数据集上或有完全不同的表现,多种算法相结合,能够更好地发挥每个算法的优势,集成学习算法应是未来反演模型的首要选择。

(3)以往研究在使用无人机单传感器估算冬小麦生理性状和产量时,往往会出现数据冗余,并且能够提供的信息有限,估算精度很难再有较大的提升。这种情况下有必要使用多源数据,增加数据的多样性。

(4)灌溉作为田间重要环节,不同灌溉处理下无人机光谱估算作物生理性状和产量有必要进一步研究,需要找到能够有效估算不同水分胁迫下冬小麦生理性状和产量的模型,增加估算模型的可靠性,为水肥高效精准管理提供可靠途径。

（5）如何利用光谱获取的作物生长特征指标绘制精度较高的农田灌溉处方图,助力智慧灌溉,需要国内同行开展大量的研究,因地制宜确定不同地理位置、不同作物、不同灌溉施肥方式下的灌溉处方图,实现农田自动化精准灌溉。

1.3　研究方案

1.3.1　研究目标

本书利用无人机作为传感器搭载平台,携带可见光、热红外、多光谱相机,采集试验区夏玉米不同生育时期的光谱影像。光谱影像采集时同步采集地面布设采样点的数据,用来对无人机影像校准及定标。无人机携带相机获取的影像通过 Photoscan、Pix4Dmapper 和 ArcGIS10.2 进行拼接和处理。具体研究目标如下:

（1）根据多光谱影像数据提取作物冠层信息,探索光谱影像数据反演作物生长指标的模型及效果。

（2）通过热红外影像构建土壤水分反演模型,分析变量灌溉对冬小麦、夏玉米冠层温度的影响,反演土壤含水率。

（3）利用获得的光谱反演结果,制定冬小麦、夏玉米灌溉制度。构建冬小麦、夏玉米灌水量及灌溉周期计算模型,获取灌溉处方图。

1.3.2　研究内容

紧紧围绕无人机遥感作物信息监测,本书拟采用试验、理论分析和模型构建等手段,对不同水肥处理下的冬小麦、夏玉米展开研究,具体研究内容如下:

（1）通过多光谱植被指数及地面测量的玉米生长指标,反演不同水肥处理下夏玉米冠层生长指标时空分布特征,明确不同水肥处理对夏玉米冠层叶面积、株高等生长指标的影响,构建基于光谱感知的作物生长指标监测模型。

（2）开展不同灌溉处理下热红外监测水分亏缺时空分布试验,明确水分亏缺对冠层温度的影响,探索土壤含水率反演方法。

（3）通过三种传感器数据提取多种特征,估算不同时期以及多个时期合并后冬小麦的氮含量和含水率,并对比多源数据融合对模型精度的提升效果。

（4）使用多源数据估算不同时期冬小麦产量,并将冬小麦生理性状数据（氮含量和植株含水率）作为特征输入到模型中,探讨多源数据融合对产量估算模型精度的提升效果以及冬小麦生理性状数据对估算模型的影响。

（5）基于获取的冠层多光谱、热红外、高光谱信息提取出各生育期的光谱指数，构建多种基础机器学习模型和集成机器学习预测模型，探讨不同生育期内以及不同灌溉条件下的模型预测精度和影响因素，根据最佳产量预测模型的结果绘制产量分布图，进一步明晰不同灌溉条件下的光谱相应特征，为今后的精准农业管理提供参考。

1.3.3　技术路线图

夏玉米的技术路线如图 1-1 所示。

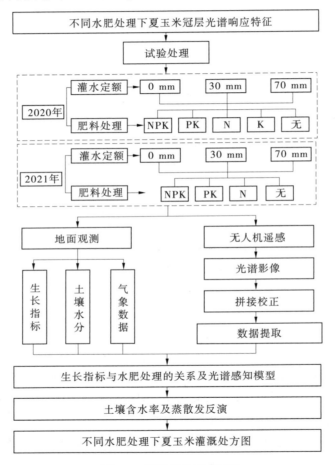

图 1-1　夏玉米的技术路线

在夏玉米不同生育时期采集光谱影像，并通过 Pix4Dmapper 4.4.5 进行拼接处理。借助 ArcGIS10.2 和 QGIS 3.1.2 进行数据处理和分析，提取相关植被指数及高程信息估算植株株高、叶面积指数以及生物量，并进行土壤水分的反演，进一步估算影像获取时段内的蒸散发量，开展变量施肥灌溉后评价。

冬小麦的技术路线如图 1-2 所示。

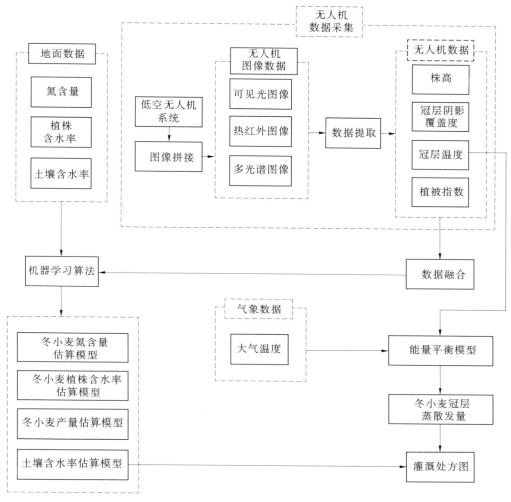

图 1-2　冬小麦的技术路线

　　使用大疆 M210 和大疆精灵 4Pro 两款无人机对冬小麦试验田采集多光谱、可见光和热红外图像数据,使用 Pix4D mapper 软件对采集到的光谱数据进行影像拼接,得到多个时期多种传感器类型的 tif 格式图像。将拼接得到的光谱图像导入 ArcGIS 软件中,进行数据处理,利用多光谱图像计算并提取多种植被指数,利用可见光图像提取结构特征,包括冬小麦株高和冠层阴影覆盖度,利用热红外图像提取冬小麦的冠层温度。在获取无人机数据的同时,人工采集地面植株样本,测氮含量和含水率。在冬小麦成熟后,获得产量数据。将获取的无人机数据进行不同数量和种类融合作为输入特征,使用机器学习算法,估算冬小麦氮含量、含水率和产量,对比分析多源数据融合后对模型精度的影响。再将氮含量和含水率数据作为输入特征输入到产量估算模型中,讨论对模型估算精度的影响。最后利用多种无人机数据和气象数据,绘制试验田的灌溉处方图。

第 2 章 研究材料与方法

2.1 研究区概况

试验地位于中国农业科学院七里营综合试验基地。地处华北平原的人民胜利渠灌区,农业种植结构以冬小麦与夏玉米轮作为主,是夏玉米的重要种植区。温带大陆性季风气候,夏季高温多雨,7~9 月降水量占全年降水量的 65%~75%。试验区土壤类型为轻质壤土,表层土壤密度为 1.47 g/cm^3,0~1 m 土层平均田间持水量为 30.98%。试验田灌溉水源为地下水,埋深超过 10 m。

2.2 试验材料与田间设计

于 2020 年和 2021 年进行了两年的夏玉米试验。玉米(太玉 339、农大 108)分别于 2020 年 6 月 20 日和 2021 年 6 月 10 日播种,行距 0.6 m,株距 0.25 m,行向为南北方向。植株 8 月 10 日抽穗,9 月 27 日收获,全生育期 2020 年 96 d,2021 年 106 d。两年试验,设置相同的灌溉处理,地块面积和施肥处理略有不同。灌溉方式为滴灌,设置 3 个灌溉梯度,灌水定额分别为 0 mm(W0)、30 mm(W1)和 70 mm(W2)。灌水量由支管上的水表控制。播种后对试验田大水漫灌一次,以保证玉米的出苗率。苗期以后控制灌溉变量。在夏玉米的拔节期、喇叭口期、抽雄期和灌浆期,分别灌水一次。

2020 年,在每个灌溉处理下进行了肥料试验,采用完全随机区组设计。每个灌溉处理包含 15 个试验小区(4 m×3 m),间距 1.2 m。施肥分 5 个处理:CK、N、K、NK、NPK;其中 N、P、K 分别为氮肥(N,250 kg/hm^2)、钾肥(K$_2$O,120 kg/hm^2)和磷肥(P$_2$O$_5$,30 kg/hm^2)(李格 等,2019);CK 表示肥料空白对照小区。每种肥料处理重复 3 次,如图 2-1(a)所示。各小区基施复合肥(600 kg/hm^2),占总施肥量的 50%。选择尿素 CO(NH$_2$)$_2$、过磷酸钙 Ca(H$_2$PO$_4$)$_2$·H$_2$O、氯化钾 KCl 作为追施的肥料。追肥时间为拔节期和抽雄期。每次追肥量占总施肥量的 25%,将肥料水溶后均匀喷洒在试验小区内。

2021 年施肥处理试验未采用随机区组设计。每个灌溉处理下设置 4 个施肥处理(CK、N、PK 和 NPK),试验小区规格为 2 m×1.8 m,间距为 1.2 m,每个施肥处理重复 5 次,如图 2-1(b)所示。整个生长期分 3 次施肥,播种期、喇叭口期、抽雄期各施一次,每次施用总量的 1/3,将肥料水溶后均匀喷洒在试验小区内。

2022 年灌溉试验采用大型平移式喷灌机对冬小麦进行不同灌溉处理,共设置 6 个不同的灌溉处理,每 30 个小区 1 个处理,共 180 个小区,不同灌溉处理的具体灌溉定额如表 2-1 所示。

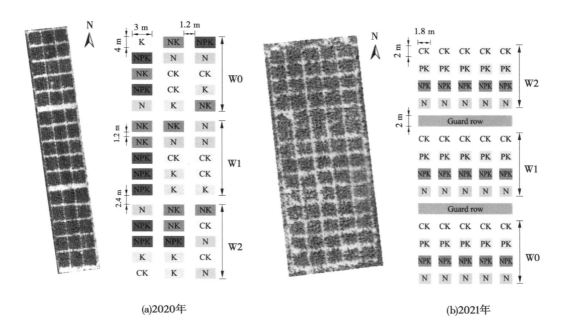

(a)2020年　　　　　　　　　　　　　　　(b)2021年

图 2-1　试验区布置示意

表 2-1　不同灌溉处理的具体灌溉定额

灌溉处理	W1	W2	W3	W4	W5	W6
灌溉定额(2022 年)/mm	300	240	180	120	60	0

此外,还使用了 2021 年冬小麦试验的多光谱数据和产量数据(后文中如无特殊说明均为使用 2022 年无人机和地面数据所进行研究)。2021 年共种植 180 个小区,使用 30 个冬小麦品种,每 30 个小区作为一个处理,每个处理内每个品种 1 个重复。为了保证冬小麦生长指标的估算模型具有普适性,不仅适用于不同水分胁迫的情况,而且适用于不同氮肥亏缺的情况。2021 年每个处理间灌溉量相同,而施肥定额不同(见表 2-2)。小区规格 3 m × 1.4 m,相邻小区左右间隔 0.2 m,前后间隔 1 m,如图 2-2(a)所示。于 2020 年 11 月初按试验小区播种,2021 年 6 月初按试验小区收获。

表 2-2　不同施氮肥处理的施肥定额

施氮肥处理	N0	N1	N2	N3	N4	N5
施肥定额(2021 年)/(kg/hm^2)	300	240	180	120	60	0

2022 年,使用 10 个冬小麦品种,每个处理内每个品种 3 个重复。小区规格 4 m×1.4 m,相邻小区左右间隔 0.4 m,前后间隔 1 m,如图 2-2(b)所示。于 2021 年 10 月末播种,2022 年 6 月初按试验小区收获。

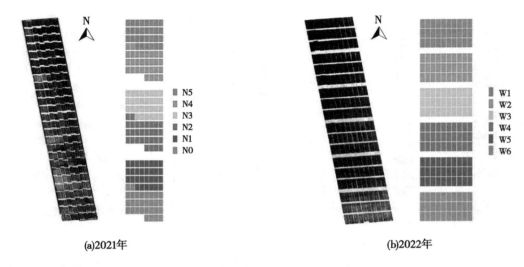

(a)2021年　　　　　　　　　　　　　　　(b)2022年

图 2-2　试验田布置示意

试验于 2019～2020 年生长季在河南省新乡市中国农业科学院综合试验基地进行,如图 2-2 所示。田间试验在 2019～2020 年和 2020～2021 年两个年度进行,选取了 30 个适合在黄淮麦区种植的小麦品种作为试验材料。

2019～2020 年试验区由 180 个小区组成,在全生育期设置了高度灌溉(灌溉处理 1,IT1)、中度灌溉(灌溉处理 2,IT2)和轻度灌溉(灌溉处理 3,IT3)三个灌溉处理,使用大型喷灌机,对应的总灌溉水深分别为 240 mm、190 mm 和 145 mm。每个灌溉处理有 60 个小区,长 8 m,宽 1.4 m,行距 20 cm,面积为 11.2 m²。2020～2021 年试验区由 180 个小区组成,在全生育期设置了 N1(300 kg/hm²)、N2(240 kg/hm²)、N3(180 kg/hm²)、N4(120 kg/hm²)、N5(60 kg/hm²)和 N6(0 kg/hm²)6 个处理,于拔节期和抽穗期 2 个生育期施肥,每个小区的总施肥量按比例划分 3 份,拔节期施肥量为 2 份,抽穗期施肥量为 1 份。每个氮肥处理由 30 个小区组成,长 3 m,宽 1.5 m,行距 20 cm,面积为 4.5 m²。为了保证田地丰产,根据当地虫害和杂草防治要求进行农药和化肥管理。试验区与试验田示意见图 2-3。

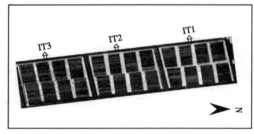

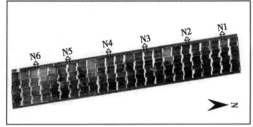

(a)2019~2020年　　　　　　　　　　　(b)2020~2021年

图 2-3　试验区与试验田示意

2.3　数据获取与处理

在晴朗无风的天气条件下获取无人机影像,以降低天气对影像获取的影响,进行无人机图像以及地面数据的采集,无人机数据采集时间集中在 11:00~14:00,地面数据采集时间集中在 09:00~14:00。

2.3.1　地面数据获取

获取的地面数据主要为 LAI、株高、黑白板温度、土壤含水率、植株氮含量、植株含水率、地上生物量、冬小麦产量、冠层温度等。LAI 通过英国 Delta-T 公司生产的 SunScan 冠层分析仪测定,仪器由 1 m 长的 SunScan 探测针、反射数据传感器以及数据采集终端等部分组成,每次无人机作业后于每个试验小区不同位置按横纵方向测量多次,取平均值代表该试验小区的实际 LAI。株高则于每个小区测量 6 株,取平均值代表该小区实际株高。黑白板温度通过 HIKVISION H10 手持式热红外测温仪测量,在无人机飞过黑白板后立即拍摄每个黑(白)区域中心点的温度。土壤含水率采用取土烘干法测定,于玉米根部附近 0~100 cm 土层每隔 20 cm 取一钻。生物量测定地上部分的玉米植株鲜重。

植株氮含量、植株含水率的获取分别在 2022 年抽穗期、开花期和灌浆期,在每个冬小麦小区随机裁剪 6 株植株,按小区将植株分别封装进袋,称重,获得鲜重。然后将所有样品在 85 ℃ 烘箱内烘 72 h 后,称重获得其干重。将干物质粉碎过筛,称 0.15 g 到消煮管中,加浓硫酸 5 mL 过夜,后用消煮炉消解,分批次加过氧化氢溶液消煮至消煮液澄清,冷却后全部转移到 100 mL 容量瓶中,放置过夜后取上清液用 SEAL AA3 流动分析仪测氮含量。植株含水率通过地面生物量(植株鲜重和干重)计算获得,公式如下:

$$含水率 = \frac{鲜重 - 干重}{鲜重} \tag{2-1}$$

冬小麦产量实测在设置 3 种灌溉处理的冬小麦试验田进行,在成熟时期获取产量数据。使用小区联合收割机分别收获每个小区的小麦,将各个小区小麦封装在有编号的袋子中于实验室晒干至恒定质量后称取各小区的冬小麦产量。2019~2020 年度小麦收获时间为 2020 年 6 月 3 日。

地上生物量实测数据在设置氮肥梯度小麦试验田进行,于 2021 年抽穗期和开花期两个生育期采集,在每个小区长势均匀的地方分别取 6 株具有代表性的冬小麦样本,将各个小区样本分别装入袋中,共获取 180 个小麦样本,在实验室用滤纸吸干表面水分,用剪刀剪去冬小麦地下部分,只留下地上部分,对每个小区小麦地上部分称重取平均值作为各小区冬小麦的地上生物量。

在无人机拍摄热红外图像的同时,采用手持式热红外测温仪测量地面摆设的地面控制点的实时温度。利用热红外相机自带的反演温度公式获取的冠层温度,再通过实测的实时温度进行校准,校正后得到冠层气温图像。由于抽穗期、开花期、灌浆期试验区域的小麦已经达到全覆盖,因此可以忽略地表土壤的影响,只需要通过图像拼接、校正、信息提取获得小麦冠层温度。在热红外图像中对 180 个试验小区进行掩膜处理和分区统计,可以获得各试验小区温度的最大值、最小值以及平均值。

2.3.2　光谱影像获取

在本书中,使用大疆 M600Pro 六旋翼、M210 无人机平台搭载 MicaSense RedEdge MX 多光谱相机和大疆 Zenmuse XT2 相机采集多光谱和热红外影像数据。其中,大疆 M600Pro 六旋翼无人机上搭载有用于直接测量区域大尺度地物光谱反射率的机载成像高光谱仪,它具有外形轻小、可远程控制,能够在获取研究对象影像的同时获得每个像元的光谱分布,定量分析生物化学过程和参数的特点;M210 四旋翼无人机上搭载了分辨率为 640×512 的 FLIR-Tau2 热红外相机和 Rededge MX 多光谱相机(五波段),这三种传感器目前在植被状况监测、精准农业和智慧农业等方面得到广泛应用。使用精灵 4 Pro 无人机配备的数码相机采集可见光数据(见图 2-4)。各个传感器的参数如表 2-3 所示。

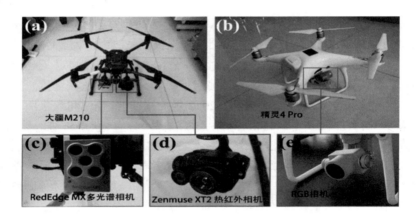

图 2-4　试验所用无人机和光谱传感器

表 2-3　传感器详细参数

Resonon Pika L 高光谱传感器		RedEdge MX 多光谱传感器		FLIR-Tau2 热红外传感器	
质量/kg	0.6	质量/g	232	质量/g	70
光谱范围/nm	400~1 000 nm	光谱范围/nm	400~900	帧/s	< 3.5
光谱通道数	281	光谱通道数	5	波长范围/μm	7.5~13.5
光谱分辨率/nm	2.1	焦距/mm	5.5	焦距/mm	8.0
工作原理	推扫式	光谱波段	红、绿、蓝、近红、红边	像素/μm	17
成像方式	色散型	采样频率/(次/s)	1	全帧频/Hz	30
视场角(FOV)	17.6°	视场角(FOV)	47.2°	最大控制转速/(°)/s	90

多光谱相机选用美国 MicaSense RedEdge MX 五通道多光谱相机,相机质量 232 g,焦距 5.5 mm,视场角 47.2°,地物分辨率位于离地高度 120 m 可达 8 cm。RedEdge MX 多光谱相机五波段分别为蓝、绿、红、近红外、红边,其中近红外波段光谱带宽 40 nm,蓝、绿光谱带宽 20 mm,红和红边光谱带宽 10 nm,如表 2-4 所示。

表 2-4　RedEdge MX 多光谱相机光谱波段

通道数	通道名称	中心波长/nm	光谱带宽/nm
1	蓝	475	20
2	绿	560	20
3	红	668	10
4	近红外	840	40
5	红边	717	10

热红外图像依靠禅思 Zenmuse XT2 双光热成像相机获取,Zenmuse XT2 相机质量 588 g,镜头焦距 19 mm,波长范围 7.5~13.5 μm,像元间距 17 μm。搭载平台选择 DJI M210V2 型无人机,无人机飞行高度 30 m,重叠度 80%,利用 DJI Pilot 和 DJI GSPro 规划航线控制无人机自主飞行作业。其中多光谱相机需要于每次起飞前和降落后对相机自带辐射标定板拍照,用以图像拼接时的辐射定标作业。

为避免太阳高度角变化引起影像畸变,在 11:00~13:00 获取无人机图像,在此期间光照充足稳定。DJI 地面站软件允许用户自己规划任务飞行航线,并使用自动飞行控制系统进行无人机飞行作业。所有无人机的飞行高度均设置为 30 m。所有相机的航向重叠率设为 85%,旁向重叠率设为 80%。在 2020 年、2021 年采集无人机图像数据,采集日期见表 2-5。

表 2-5　无人机飞行采集日期

2020 年			2021 年		
飞行日期	田间取样日期	生育时期	飞行日期	田间取样日期	生育时期
7 月 13 日	7 月 12 日	拔节期	7 月 12 日	7 月 12 日	拔节期
7 月 24 日	7 月 24 日	喇叭口期	7 月 15 日	7 月 15 日	拔节期
7 月 30 日	7 月 30 日	喇叭口期	7 月 30 日	7 月 30 日	喇叭口期
8 月 10 日	8 月 10 日	吐丝期	8 月 4 日	8 月 4 日	抽雄期
8 月 26 日	8 月 26 日	灌浆期	8 月 11 日	8 月 11 日	吐丝期
9 月 7 日	9 月 7 日	灌浆期	8 月 19 日	8 月 19 日	开花期
9 月 24 日	9 月 24 日	成熟期	8 月 26 日	8 月 26 日	灌浆期
			9 月 7 日	9 月 7 日	灌浆期

无人机冠层光谱数据采集于 2020 年、2021 年 3~6 月期间开展。2020 年采用搭载有

多光谱和热红外传感器的 M210 四旋翼无人机和搭载高光谱传感器的 M600Pro 六旋翼无人机采集了冬小麦抽穗期(4 月 23 日)、开花期(4 月 30 日)和灌浆期(5 月 10 日)的冠层多光谱、热红外和高光谱影像,2021 年采用搭载有多光谱传感器的 M210 四旋翼无人机采集了冬小麦抽穗期(4 月 7 日)和开花期(4 月 30 日)的冠层多光谱影像。

　　无人机飞行任务根据不同的生育期、灌溉水平和氮肥梯度开展。M210 无人机通过 DJI GSPro 进行正射影像飞行航线规划,采用二维航线模式飞行,飞行高度为 40 m,航线的航向重叠率 85%,旁向重叠率 80%。M600Pro 无人机需要自主规划飞行航线,导入 DJI GSPro 中执行飞行任务,飞行高度为 50 m,航线的旁向重叠率为 50%。传感器采用的拍照模式为垂直地面等时间间隔拍照。无人机均在无云、光照条件较好时(10:00 ~ 14:00)对所有小区进行冠层光谱采集。

2.3.3　光谱影像预处理

　　采用 Pix4D 软件(Pix4D, Lausanne, Switzerland)对无人机 MS、可见光和 TIR 图像进行拼接处理,生成正射影像。处理过程包括对图像导入 GCPs、地理定位、对齐图像、构建密集点云和校准辐射测量信息等。使用 ArcMap 10.8 软件绘制 180 个多边形以分割每个小区,叠加于各个图像上用以提取图像中各小区的平均像素值作为对应的特征。在绘制每个试验小区对应的多边形时剔除小区的边缘,以避免边缘效应对试验的影响。

　　本书研究所用的高光谱图像格式是 BIL 格式,需要对获取的高光谱影像做预处理,便于从中提取出不同小区种植小麦品种的图像特征和光谱信息。无人机高光谱图像的处理包括辐射转换、反射率转换、几何校正、影像拼接、影像裁剪、选取感兴趣区和计算植被指数,主要流程如图 2-5 所示。

　　辐射定标是将无人机高光谱传感器采集到的图像中的原始像元亮度值(DN 值)转换为具有地物辐射亮度值。无人机搭载高光谱传感器在执行飞行任务时,会受到天气状况和传感器稳定性的影响,这些综合因素的影响会造成所拍摄的高光谱图像辐射畸变,因此需要对高光谱图像进行辐射校正。本书采用 SpectrononPro Software(Version 3.4.0, Resonon)的光谱分析软件,将高光谱图像导入到 SpectrononPro 中,选择 Radiance From Raw Data 选项,输入对应的软件辐射度校准包进行辐射度转换。选择图像中靶标布

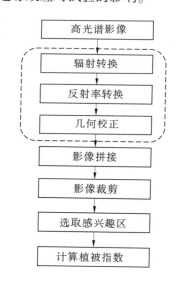

图 2-5　高光谱图像处理流程

作为 ROI,即已知反射率的对象,并创建平均频谱。选择 Rflectance From Radiance Data 选项,输入已知对象的反射率,将辐射度转换完成的图像进行反射率转换,得到反射率以 0 ~ 1 为标度的图像。

　　无人机遥感平台相对于卫星和航空遥感,更容易受风力影响,从而导致高光谱传感器不稳定,造成影像几何变形甚至出现异常。无人机搭载的是推扫式的高光谱传感器,因机

载传感器的位置和姿态偏移会造成几何失真。无人机影像的变形是翻滚角变化使扫描点发生偏移造成的,图像的几何畸变是俯仰角的变化会在扫描方向上引起的,偏转角的变化会造成扫描行的交叉,造成图像整体扭曲畸变。因此,高光谱影像采集应尽可能地选择无风天气,这是保障影像质量的最好方法。高光谱传感器还包括一个 GPS/惯性测量单元(GPS/IMU)导航系统,可以从无人机平台收集实时高度数据,从而实现更好的反射校准和地理校准。根据环境情况,制定了相关标准以适合本书中的场地大小调查。因此,在 SpectrononPro 中选择 Georectify Airborne Datacube 选项(见图 2-6),设定好飞行高度、视场角等参数对高光谱图像进行几何校正。最后将处理好的高光谱影像采用软件 Envi 5.3 进行拼接。

2.3.4　光谱植被指数提取

　　植被指数是指通过波段的组合形成的增强植被信息,反映植被在可见光、近红外等波段反射与土壤背景之间差异的指标。其原理是绿色植被或者农作物在可见光红、蓝波段表现为强吸收特性,在近红外、绿波段则强反射。植被指数的构建能够实现植被生长状况的定量表达。本书借鉴前人(陶惠林 等,2020)研究,选取并计算 16 种植被指数,各指数及其计算公式见表 2-6。

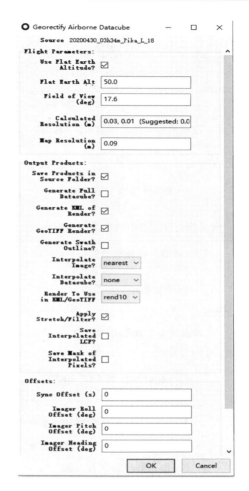

图 2-6　几何校正

2.3.5　株高提取

　　在无人机遥感中,植株的上限可利用数字表面模型(digital surface model,DSM)确定,确定地面高程变化则依靠裸土时的光谱图像数字表面模型 DSM_0。首先通过无人机可见光影像生成试验田的 DSM,记作 DSM_0,可以得到试验田地表高程的变化情况,作为之后株高提取的地表基准面,在 t_i(i = 1, 2, 3, 4)时期生成的 DSM_i(i = 1, 2, 3, 4),与 DSM_0 作差可以得到对应 t_i 时期玉米的高度变化情况,计算公式如下:

$$H = DSM_i - DSM_0 \tag{2-2}$$

　　由于光谱 DSM 记录的是整个试验区的高程信息,较低位置的叶片以及杂草等其他地物的高程信息对冠层上限的提取影响较大。为了消除这一影响,对比可见光确定上部冠层的最低高程,利用 ArcGIS 获得各试验小区上部冠层 DSM 图像。对提取后的图像进行分区统计均值,代表各小区冠层上限。

表 2-6　多光谱植被指数

植被指数	公式
归一化植被指数（NDVI）	$\dfrac{\rho_{NIR}-\rho_R}{\rho_{NIR}+\rho_R}$
改进的简单比值植被指数（MSR）	$\dfrac{\dfrac{\rho_{NIR}}{\rho_R}-1}{\sqrt{\dfrac{\rho_{NIR}}{\rho_R}}+1}$
非线性植被指数（NLI）	$\dfrac{\rho_{NIR}^2-\rho_R}{\rho_{NIR}^2+\rho_R}$
修正双重差值植被指数（MDD）	$(\rho_{NIR}-\rho_{RE})-(\rho_{RE}-\rho_G)$
差值环境植被指数（DVI）	$\rho_{NIR}-\rho_R$
绿波比值植被指数（GRVI）	$\dfrac{\rho_{NIR}}{\rho_G}$
绿波宽动态植被指数（GWDRVI）	$\dfrac{a\times\rho_{NIR}-\rho_G}{a\times\rho_{NIR}+\rho_G}\ (a=0.12)$
归一化红波植被指数（NRI）	$\dfrac{\rho_R}{\rho_{NIR}+\rho_R+\rho_{RE}}$
归一化红边植被指数（NDRE）	$\dfrac{\rho_{NIR}-\rho_{RE}}{\rho_{NIR}+\rho_{RE}}$
红边土壤调节植被指数（RESAVI）	$\dfrac{1.5(\rho_{NIR}-\rho_{RE})}{\rho_{NIR}+\rho_{RE}+0.5}$
改进的归一化植被指数（MNDI）	$\dfrac{\rho_{NIR}-\rho_{RE}}{\rho_{NIR}-\rho_G}$
归一化红边植被指数（NNIR）	$\dfrac{\rho_{NIR}}{\rho_{NIR}+\rho_G+\rho_{RE}}$
改进的土壤调节植被指数（MSAVI）	$0.5\times[2\rho_{NIR}+1-\sqrt{(2\rho_{NIR}+1)^2-8(\rho_{NIR}-\rho_R)}\,]$
绿度优化土壤调节植被指数（GOSAVI）	$(1+0.16)\dfrac{\rho_{NIR}-\rho_G}{\rho_{NIR}+\rho_G+0.16}$
修正型叶绿素吸收反射率植被指数（MCARI）	$\dfrac{1.5\times[2.5(\rho_{NIR}-\rho_R)-1.3(\rho_{NIR}-\rho_{RE})]}{\sqrt{(2\rho_{NIR}+1)^2-(6\rho_{NIR}-5\sqrt{\rho_R})}-0.5}$
结构不敏感色素指数（SIPI）	$\dfrac{\rho_{NIR}-\rho_B}{\rho_{NIR}+\rho_R}$

注：ρ 表示反射率，B、G、R、RE 和 NIR 分别表示 RedEdge 多光谱相机的蓝、绿、红、红边、近红外波段。

2.3.6   热红外温度计算

提取热红外图像上黑白板测量点的反射率与手持式热红外测温仪测得的温度进行拟合,拟合后的热红外温度转换公式。运用获得的转换公式对当天热红外图像作栅格运算得到温度分布图。

2.3.7   冠层阴影覆盖度提取

本书还提出了冠层阴影覆盖度(canopy shadow coverage, CSC)作为一种新的冠层结构信息。增加可见光图像的饱和度和亮度,直到冠层的阴影部分可以很好地与接收到直接光的部分区分开来。在冬小麦小区图像中随机截取若干冬小麦冠层图像,观察每个图像绿通道的直方图,发现绿通道的直方图最左边的色阶(表示图像亮度最暗的部分)的数量会明显增加形成一个半峰,取其与原本直方图绿通道曲线的交界处的色阶值的平均值作为分割阴影的阈值。分割结果如图 2-7(d)所示。CSC 计算公式如下:

$$CSC = \frac{图像中阴影像素总数}{图像中像素总数}$$ (2-3)

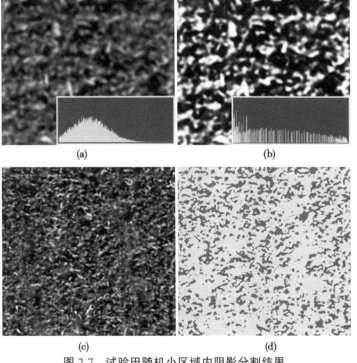

图 2-7   试验田随机小区域内阴影分割结果

第 3 章　无人机多光谱反演作物叶面积指数

3.1　模型构建与评价

　　本节采用集成学习算法构建模型。该算法的基本原理如图 3-1 所示。首先,将数据按照 5∶1的比例随机分为训练集和测试集,再将训练集随机均分为五部分,分别以 fold1、fold2、fold3、fold4 和 fold5 表示。其次,选择初级学习器(基模型),采用五折交叉验证方法对初级学习器进行训练,训练好的基模型利用测试集进行验证。再次,将训练集的预测值作为特征向量形成新的训练集,将测试集的预测值作为特征向量形成新的测试集。最后,使用二级学习器构建预测模型。在本书中,选择的机器学习算法包括高斯过程回归(gaussian process regression,GPR)、支持向量回归(support vector regression,SVR)、随机森林(random forest,RF)、LASSO 和 Cubist 回归;选择的次级学习器包括 RF 算法和多元线性回归(MLR)。使用 R 4.0.3 进行模型构建。R 是一个完全免费的开源软件,是用于统计分析和绘图的优秀工具。MLR 和 RF 算法在遥感中很常见,此处不再单独介绍。了解详细信息请参考文献(Kuter,2021)。

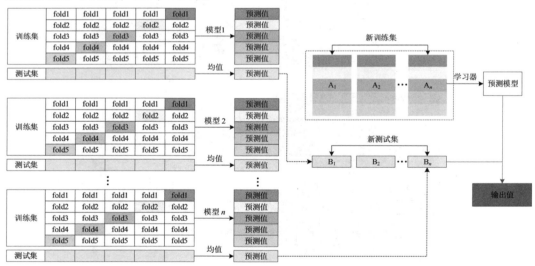

图 3-1　集成算法工作流程示意图

3.1.1　逐步回归

　　为得到性能最佳的模型,首先需要筛选特征变量,本节使用逐步回归筛选所有自变量。逐步回归结合了向前逐步回归和向后逐步回归。算法运行时每次只添加一个自变量,但在每一步中都会对当前模型中存在的自变量重新评价,并以赤池信息准则(akaike information criterion,AIC)作为判断变量能否存活的依据,筛选出最优的自变量集。AIC 由赤池弘次于 1971 年提出(Hirotugu.,1974),计算公式为式(3-1)。AIC 能在尽量避免过拟合现象发生的前提下选择出最佳的自变量集。AIC 值越小表明该集合越合理。AIC 判定过程主要为:①构建统计模型;②采用最大似然估计法估计参数;③通过最小化 AIC 来选择模型。AIC 的差异首先取决于似然函数 L。当 L 没有显著差异时,认为参数少的模型更好。因此,根据 AIC 值可以找到拟合度好、自变量少的模型。

$$\text{AIC} = -2\ln L + 2k \tag{3-1}$$

式中,k 为参数的数量;L 为似然函数,可以用式(3-2)计算:

$$L = -\frac{n}{2}\ln(2\pi) - \frac{n}{2}\ln\left(\frac{\text{SSE}}{n}\right) - \frac{n}{2} \tag{3-2}$$

式中,n 为样本量;SSE 为误差平方和。

由式(3-2)可以看出,L 主要取决于平方和误差。因此,AIC 也可以表示为式(3-3):

$$\text{AIC} = n\ln\left(\frac{\text{SSE}}{n}\right) + 2k \tag{3-3}$$

3.1.2　高斯过程回归

本书应用的 GPR 是一种基于高斯过程(GP)的机器学习算法,用于对观测样本进行回归预测。GP 的概率密度函数为式(3-4)。从式(3-4)可以看出,高斯分布是由均值向量和协方差矩阵决定的。GPR 预测的过程大致可以概括为五个步骤:①确定观测数据点作为 GP 的采样点;②确定均值函数和协方差函数;③根据后验概率表达式得到观测数据的函数;④使用最大似然估计来求解超参数;⑤获取预测值。具体过程可以参考 Rasmussen(2004)的研究。

$$p(x_1, x_2, \cdots, x_n) = \frac{1}{2\pi^{\frac{n}{2}}\sigma_1\sigma_2\cdots\sigma_n}\exp\left\{-\frac{1}{2}\left[\frac{(x_1-\mu_1)^2}{\sigma_1^2} + \frac{(x_2-\mu_2)^2}{\sigma_2^2} + \cdots + \frac{(x_n-\mu_n)^2}{\sigma_n^2}\right]\right\} \tag{3-4}$$

3.1.3　支持向量回归

支持向量机(support vector machine,SVM)是一个分类器,也可以用于回归分析。SVM 应用于回归时被称为 SVR。SVR 进行回归分析时最终的结果是由少量的支持向量决定的,而不是用于回归所有样本,这样既方便关注最具代表性的样本,又保证了 SVR 具有良好的“鲁棒性”。对于非线性问题,SVR 的主要思想是放弃当前的维度空间,在更高维度的空间中对问题进行求解,这样非线性问题依旧可以认为是线性问题。然后,问题的解决方案变为在约束条件[式(3-6)]下最大化目标函数[式(3-5)]。

$$W(\alpha_i, \alpha_i^*) = \sum_{i=1}^{n} y_i(\alpha_i^* - \alpha_i) - \varepsilon\sum_{i=1}^{n}(\alpha_i + \alpha_i^*) - \frac{1}{2}\sum_{i=1}^{n}\sum_{j=1}^{n}(\alpha_i + \alpha_i^*)K(x_i, x_j) \tag{3-5}$$

$$\left.\begin{array}{c} \sum_{i=1}^{n}(\alpha_i + \alpha_i^*) = 0 \\ 0 \leqslant \alpha_i, \alpha_i^* \leqslant C \end{array}\right\} \qquad (3\text{-}6)$$

式中,α_i, α_i^* 为拉格朗日因子;W 为目标函数;ε 和 C 均为正常数;$K(x_i, x_j)$ 为核函数。

最后,使用优化算法计算式(3-5)可以得到非线性回归函数[式(3-7)]。在式(3-7)中,只有一小部分的($\alpha_i^* - \alpha_i$) $\neq 0$,它们对应的样本称为支持向量。优化算法可以表示为式(3-8)。

$$f(x) = (\alpha_i^* - \alpha_i) K(x_i, x_j) + b \qquad (3\text{-}7)$$

$$\min_{\beta}\left\{\frac{1}{2}\boldsymbol{\beta}^{\mathrm{T}}\boldsymbol{H}\boldsymbol{\beta} + \boldsymbol{\gamma}^{\mathrm{T}}\boldsymbol{\beta}\right\} \qquad (3\text{-}8)$$

式中,$\boldsymbol{\beta} = \begin{bmatrix} \alpha \\ \alpha^* \end{bmatrix}$,$\boldsymbol{H} = \begin{bmatrix} \boldsymbol{X}\boldsymbol{X}^{\mathrm{T}} & -\boldsymbol{X}\boldsymbol{X}^{\mathrm{T}} \\ -\boldsymbol{X}\boldsymbol{X}^{\mathrm{T}} & \boldsymbol{X}\boldsymbol{X}^{\mathrm{T}} \end{bmatrix}$,$\boldsymbol{\gamma} = \begin{bmatrix} \varepsilon+\boldsymbol{Y} \\ \varepsilon-\boldsymbol{Y} \end{bmatrix}$,$\boldsymbol{X} = \begin{bmatrix} x_1 \\ \vdots \\ x_n \end{bmatrix}$,$\boldsymbol{Y} = \begin{bmatrix} y_1 \\ \vdots \\ y_n \end{bmatrix}$。

式(3-8)的约束条件为 $\boldsymbol{\beta}^*(1, \cdots, 1, -1, \cdots, -1) = 0$ 且 $\alpha_i^*, \alpha_i \geqslant 0$ 且 $i = 1, \cdots, n$;n 为样本数量。

3.1.4 Cubist 回归

Cubist 回归是 Quinlan 开发的 M5 模型树的扩展。Cubist 是一种基于特定规则的建模分析方法,通常用于连续值预测问题。首先通过递归处理创建模型树,然后简化为一系列规则。这些规则根据它们的光谱对样本进行划分,然后应用一个独特的线性模型来预测目标变量。Cubist 方法可以使用样本中的最近邻来修改模型预测结果。如果有样本需要预测,这种方法可以找到样本中最接近的一个,最终得到预测值。该方法中的自变量不仅可以用于建模,还可以确定节点分支。在 R 语言中使用该算法,可以自动识别用于分支和建模的独立变量。有关 Cubist 及其应用的更多详细信息,请参考相关研究(Houborg et al. , 2018)。

3.1.5 LASSO 回归

LASSO 回归不仅可以建立具有良好泛化和估计能力的模型,还可以作为稳定的变量过滤(Zou et al. ,2005)。当变量的自相关性较高时,LASSO 回归可以有效避免对样本的过度解释,有助于提升研究的理论意义和应用价值。LASSO 回归的损失函数可以表示为式(3-9)。式(3-9)的第一项是普通最小二乘法(OLS)的损失函数,第二项是惩罚函数。$\lambda(\geqslant 0)$ 表示调整参数,用于控制回归系数,值越大,惩罚越强。当 $\lambda = 0$ 时,表示回归模型没有受到惩罚,式(3-9)变为 OLS 损失函数。

$$L^{\mathrm{LASSO}}(\beta) = \| \boldsymbol{Y} - \boldsymbol{X}\boldsymbol{\beta} \|^2 + \lambda \boldsymbol{W}^{\mathrm{T}}\boldsymbol{\beta} \qquad (3\text{-}9)$$

式中,$\boldsymbol{X}$ 为预测变量的矩阵;$\boldsymbol{Y}$ 为结果变量的向量;$\boldsymbol{\beta}$ 为回归系数向量;$\boldsymbol{W}$ 为值是 ±1 的向量(加号或减号跟随 β 向量中的对应值)。

3.1.6　模型精度评价

本节采用决定系数（R^2）、均方根误差（RMSE）、剩余预测偏差（residual prediction deviation，RPD）和性能与四分位间隔距离的比率（ratio of performance to interquartile distance，RPIQ）作为精度评价指标。其中，R^2 可以表征模型的稳定性（正向相关）；RMSE 常用于表征模型精度（反向关系）；RPD 的计算公式如下：

$$RPD = \frac{SD}{RMSE} \tag{3-10}$$

式中，SD 为标准差。

当 $1.5 < RPD < 2.0$ 时，认为模型只能大概估算夏玉米 LAI，精度较差；当 $2.0 \leqslant RPD < 3.0$ 时，认为模型比较可靠；当 $RPD \geqslant 3.0$ 时，认为模型性能优越，精度较高，十分可靠。

RPIQ 同时考虑了预测误差和观测数据的变化，因此该指标相对其他指标而言更加客观。RPIQ 越大，模型的预测能力越强。与 RPD 不同，RPIQ 对观测值的分布不做假设。其公式如下：

$$RPIQ = \frac{IQ}{RMSE} \tag{3-11}$$

式中，IQ 为第三和第一四分位数之间的差。

3.2　结果与分析

3.2.1　不同水肥处理下玉米 LAI

图 3-2 为不同水肥处理对夏玉米 LAI 的影响。如图 3-2 所示，玉米 LAI 对肥料处理响应显著。两年试验结果表明，NPK 处理玉米 LAI 平均值最大，CK 处理玉米 LAI 平均值最小。同时灌溉处理也影响植物 LAI，随着灌水量的增加，植株 LAI 逐渐增加。2020 年，在 W2 灌溉和 NPK 施肥条件下，夏玉米不同时期的 LAI 均值分别为 1.533、3.556、4.167 和 4.422，均大于同时期 W0 灌溉和 CK 施肥条件下的夏玉米 LAI 均值（1.065、2.211、2.644 和 3.711）。由图 3-3 可知，2021 年 7 月中下旬突降暴雨引发洪水，试验被迫暂停，导致玉米拔节期到喇叭口期都未实施灌水处理。因此，从图 3-2（e）、（f）、（g）中可以看出，LAI 对灌水变量的响应并不强烈。以 CK 处理为例，7 月 13 日三个灌溉处理（W0、W1、W2）的平均 LAI 分别为 0.730、0.950、0.895；7 月 30 日三个灌溉处理（W0、W1、W2）的平均 LAI 分别为 2.145、1.895、2.250。玉米 LAI 并没有表现出与灌水量相同的变化趋势，7 月 13 日玉米 LAI 最大的反而是 W1 处理，7 月 30 日 W0 处理大于 W1 处理。而 7 月底试验恢复，到 8 月 19 日时［见图 3-2（h）］LAI 又表现出与灌溉处理的相关性。这一现象进一步说明 LAI 可以在一定程度上反映作物水肥胁迫，对 LAI 的监测有助于农田水肥管理。

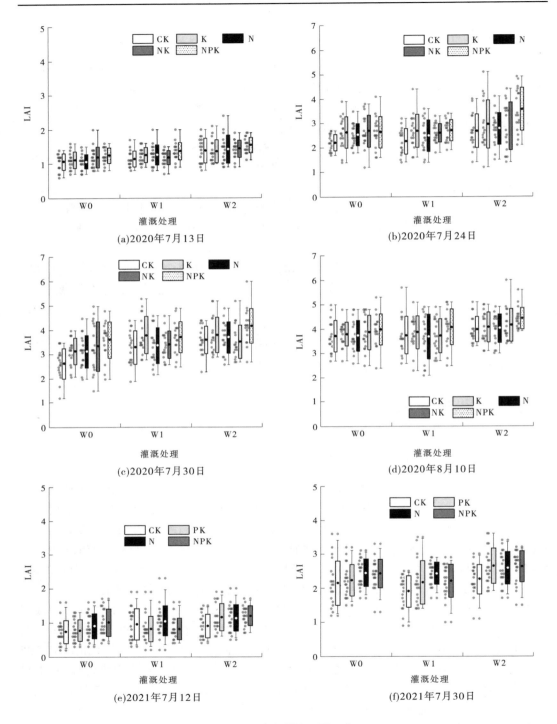

图 3-2　不同水肥处理下夏玉米 LAI

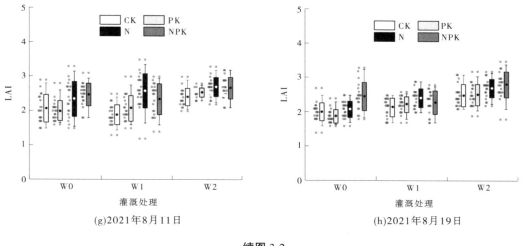

(g)2021年8月11日　　　　　　　(h)2021年8月19日

续图 3-2

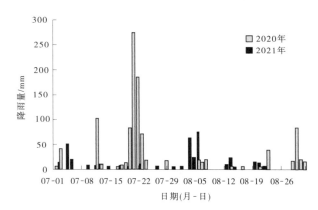

图 3-3　夏玉米关键需水期降雨量分布图

3.2.2　多光谱植被指数与 LAI 的相关性分析

　　为探讨植被指数与 LAI 的相关性,建立了不同时期植被指数与 LAI 的简单线性回归模型,各回归模型的相关系数统计在表 3-1 中。总体而言,玉米 LAI 与各时期植被指数呈显著相关性($P<0.000\,1$),相关系数绝对值大多在 0.62 以上。但不同时期与 LAI 相关性最好的植被指数存在差异。2020 年各时期表现最佳的植被指数分别为 MSAVI、MSR、MDD。2021 年各时期表现最佳的植被指数分别为 NRI、NDVI、MDD。主要原因是受光谱饱和度以及其他因素的影响,单一的植被指数会在夏玉米不同生育时期和不同时间段具有不同的表现。基于这一现象,有理由相信在构建反演模型时不应为了简化模型而大量剔除植被指数。因为这可能导致模型在建模数据集上虽有优异表现,但普适性大大降低,对其他数据集的反演能力不足。随着玉米生育时期的推进,两者的相关性趋于增强,喇叭口期及抽雄期两者的相关性高于拔节期。从拔节期到抽穗期,LAI 与植被指数相关性的决定系数 R^2 均值分别从 0.464(2020 年)和 0.427(2021 年)增加到 0.601 和 0.72。主要原因是玉米拔节期植株矮小,试验区覆盖率差异小。此时,测量误差的影响比较大,

导致相关性较低。

表 3-1　植被指数与 LAI 相关性

植被指数	2020 年				2021 年			
	7 月 13 日	7 月 24 日	7 月 30 日	8 月 10 日	7 月 12 日	7 月 30 日	8 月 11 日	8 月 19 日
NDVI	0.693***	0.763***	0.824***	0.779***	0.683***	0.658***	0.645***	0.845***
MSR	0.700***	0.782***	0.83***	0.795***	0.677***	0.656***	0.67***	0.867***
NLI	0.708***	0.76***	0.818***	0.801***	0.631***	0.64***	0.677***	0.858***
MDD	0.702***	0.713***	0.758***	0.815***	0.658***	0.629***	0.788***	0.89***
DVI	0.709***	0.666***	0.75***	0.798***	0.573***	0.577***	0.697***	0.794***
GRVI	0.627***	0.768***	0.822***	0.735***	0.662***	0.653***	0.727***	0.866***
GWDRVI	0.625***	0.76***	0.819***	0.729***	0.665***	0.654***	0.731***	0.86***
NRI	-0.697***	-0.765***	-0.825***	-0.784***	-0.685***	-0.654***	-0.616***	-0.824***
MNDI	0.662***	0.727***	0.772***	0.708***	0.662***	0.635***	0.776***	0.811***
NDRE	0.653***	0.746***	0.802***	0.741***	0.663***	0.645***	0.763***	0.835***
RESAVI	0.687***	0.725***	0.777***	0.807***	0.647***	0.635***	0.783***	0.884***
MSAVI	0.714***	0.735***	0.797***	0.813***	0.639***	0.616***	0.701***	0.854***

注：*** 表示 LAI 与植被指数在 $P<0.0001$ 水平上显著相关。

3.2.3　生育时期融合后模型准确性评估

对于机器学习，模型性能很大程度上取决于模型参数的数量、数据集的大小和用于训练的计算量。同时，回归分析是从样本数据中找出一般规律性，它对样本数据有很强的依赖性。如果样本量过小（≤60），数据样本分布不足，会导致模型的准确性和鲁棒性较弱。因此，为了获得符合要求的数据集，将相同年份的各时期数据放在一起当作新的数据集来评价 LAI 估算模型的稳健性。新数据集的样本量就变成了 180 个（2020 年）和 240 个（2021 年）。为了讨论新数据集中 LAI 与植被指数的关系，拟合了 LAI 与植被指数的单变量多项式回归方程。图 3-4 绘制了 LAI 和 NDVI 的拟合曲线。生育时期融合后，夏玉米 LAI 与植被指数的关系不再是简单的一阶线性关系。这与以往的研究结果（Mouazen et al., 2006）是一致的，符合客观规律。可以发现，二阶及以上的多项式拟合曲线表现良好，调整后的 R^2 分别为 0.958、0.959、0.963（2020 年）和 0.885、0.898、0.898（2021 年）。考虑到模型的简单性，选择二次多项式来构建回归模型。LAI 及各植被指数的单变量多项式回归模型及精度评价见表 3-2。可以发现 LAI 与植被指数显著相关，决定系数 R^2 均大于 0.87，RMSE 小于 0.38。

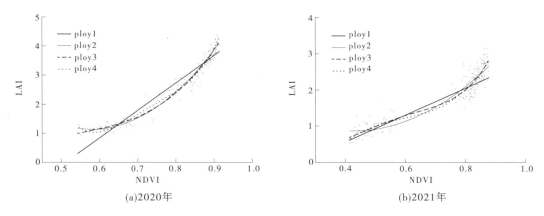

(a)2020年　　　　　　　　　　　　　(b)2021年

图 3-4　LAI 与 NDVI 相关关系(图例中的 ploy 代表多项式,数字 1、2、3、4 代表多项式的阶数)

　　参数的数量是影响机器学习模型性能的另一个重要因素。在模型假设中,一些未考虑的因素通常被视为随机扰动项。解释变量越多,参数与随机扰动的关系越强,与解释变量之间相互独立这一假设条件相违背,会引起内生性问题,容易引起参数估计的有偏性和不一致性。用于预测的回归模型应尽量避免欠拟合和过拟合现象,筛选变量就成为构建模型时必不可少的任务。但 LAI 与各植被指数的相关性无显著差异,需要通过其他方法进一步对植被指数进行筛选。

表 3-2　单变量多项式回归模型及精度

植被指数	2020 年			2021 年		
	模型	R^2	RMSE	模型	R^2	RMSE
NDVI	$y = 3.1x^2 + 13.5x + 2.83$	0.958	0.215	$y = 1.47x^2 + 9.73x + 1.99$	0.885	0.228
MSR	$y = -0.25x^2 + 13.9x + 2.83$	0.961	0.207	$y = 0.24x^2 + 9.9x + 1.99$	0.897	0.216
NLI	$y = 1.59x^2 + 13.7x + 2.83$	0.952	0.230	$y = 1.34x^2 + 9.8x + 1.99$	0.887	0.226
MDD	$y = -2.67x^2 + 13.5x + 2.83$	0.946	0.244	$y = 0.268x^2 + 9.9x + 1.99$	0.893	0.219
DVI	$y = -3.25x^2 + 12.8x + 2.83$	0.873	0.373	$y = 0.55x^2 + 9.8x + 1.99$	0.878	0.234
GRVI	$y = -0.06x^2 + 13.8x + 2.83$	0.958	0.214	$y = -1.18x^2 + 9.8x + 1.99$	0.883	0.230
GWDRVI	$y = 1.45x^2 + 13.8x + 2.83$	0.957	0.217	$y = -0.24x^2 + 9.8x + 1.99$	0.883	0.230
NRI	$y = 2.78x^2 - 13.6x + 2.83$	0.957	0.218	$y = 1.37x^2 - 9.7x + 1.99$	0.883	0.230
MNDI	$y = 2.57x^2 + 13.6x + 2.83$	0.956	0.220	$y = 1.13x^2 + 9.8x + 1.99$	0.885	0.227
NDRE	$y = 1.89x^2 + 13.7x + 2.83$	0.962	0.204	$y = 0.34x^2 + 9.8x + 1.99$	0.886	0.227
RESAVI	$y = -1.17x^2 + 13.7x + 2.83$	0.949	0.236	$y = 0.08x^2 + 9.9x + 1.99$	0.891	0.222
MSAVI	$y = -1.67x^2 + 13.5x + 2.83$	0.926	0.285	$y = 0.85x^2 + 9.8x + 1.99$	0.890	0.223

注:y 代表夏玉米 LAI,x 代表植被指数。

3.2.4 特征变量的逐步选择

根据前面的分析结果,采用逐步回归的方法筛选植被指数,该方法基于精确的 AIC 准则。逐步回归分析结果见表 3-3。与以往的单变量回归模型相比,多元回归模型的精度有所提升。观察两年的逐步回归方程,各植被指数的表现略有不同。例如,MSR 在 2020 年被踢出回归方程,而在 2021 年对模型的贡献显著。基于两个模型中植被指数的表现,最终选中在两个模型中都有显著贡献的五个植被指数 GWDRVI、RESAVI、MSAVI、NRI 和 NDRE。此外,NDVI 是最常用的植被指数,考虑到模型的普适性,人为地将 NDVI 添加到选定的植被指数中。最后,共有 6 个自变量用于构建集成学习模型。

表 3-3　基于逐步回归的自变量筛选结果

lm(LAI~)	2020 年				2021 年			
	系数	标准误差	AIC	R^2	系数	标准误差	AIC	R^2
NDVI	30. 726*	15. 369						
MSR					2. 620***	0. 636		
NLI								
MDD	65. 757***	12. 569			−14. 729	10. 336		
DVI	18. 89	13. 344			−36. 214	25		
GRVI								
GWDRVI	9. 136***	2. 442	−596. 250	0. 969	−8. 229***	2. 267	−758. 550	0. 911
NRI	164. 343**	54. 523			−141. 264***	30. 564		
MNDI								
NDRE	70. 953***	20. 833			−140. 939***	35. 838		
RESAVI	−192. 208***	39. 528			250. 981***	61. 370		
MSAVI	46. 167***	10. 736			−79. 593***	19. 450		
Intercept	−41. 59*	16. 902			41. 040***	9. 495		

注: *** 表示在 $P<0.0001$ 水平上显著相关; ** 表示在 $P < 0.001$ 水平上显著相关; * 表示在 $P<0.01$ 水平上显著相关;无 * 表示无相关性。

3.2.5 LAI 反演模型性能分析

基于逐步回归选择的 6 个植被指数,使用 GPR、SVR、RF、LASSO 和 Cubist 回归算法估计玉米 LAI。表 3-4 列出了初级模型和二级模型在测试集上的 R^2、RMSE、RPD 和

RPIQ,以评估模型的估算能力和稳定性。观察测试集上 5 个初级学习器的准确率,GPR 模型和 RF 模型在两年内的估算能力弱于 SVR 模型、LASSO 模型和 Cubist 模型,R^2、RPD、RPIQ 较低,RMSE 较高。2020 年 GPR 模型的评价指标 R^2(0.949)、RPD(4.148)、RPIQ(6.421)和 2021 年 RF 模型的 R^2(0.877)、RPD(2.871)、RPIQ(3.678)均显著低于同时期其他的初级学习器,相应的 RMSE(0.268,0.241)高于同时期其他的初级学习器。图 3-5 也更直观地表明,GPR 模型和 RF 模型性能稍差的原因是在 400 次验证过程中存在几次结果估算精度较低。这表明 GPR 模型和 RF 模型在稳定性上不及其他三种算法。

表 3-4　不同模型测试集 LAI 估算精度统计(本表中精度参数为 400 次结果的平均值)

年份	评价指标	初级学习器					二级学习器	
		GPR	SVR	RF	LASSO	Cubist	StMLR	StRF
2020 年	R^2	0.949	0.965	0.965	0.963	0.964	0.967	0.962
	RMSE	0.268	0.204	0.202	0.207	0.205	0.198	0.211
	RPD	4.148	5.312	5.333	5.211	5.275	5.435	5.115
	RPIQ	6.421	8.213	8.235	8.050	8.149	8.396	7.897
2021 年	R^2	0.882	0.897	0.877	0.894	0.891	0.897	0.884
	RMSE	0.242	0.221	0.241	0.223	0.226	0.220	0.233
	RPD	2.866	3.135	2.871	3.097	3.055	3.142	2.962
	RPIQ	3.673	4.022	3.678	3.973	3.917	4.029	3.798

注:StMLR 表示使用多元线性回归作为二级学习器的集成回归,StRF 表示使用随机森林算法作为二级学习器的集成回归。

为了整合五个初级学习器的估算能力,选择了基于线性(StMLR)和非线性(StRF)模型的两种机器学习算法作为二级学习器。结果表明,当 StMLR 作为二级学习器时,模型的准确率最高。两年的模型 R^2 分别为 0.967 和 0.897。但决定系数 R^2 相较于同时期表现最优的初级学习器并没有显著提高。造成这种现象的原因是多生育时期融合后的新数据集在初级学习器上达到了很高的精度,如初级学习器 SVR 模型的精度 R^2 在 2020 年已经高达 0.965,在 2021 年达到 0.897。Stacking 方法集成结果估算精度会"渐近等效"到性能最佳的初级学习器。但是,StRF 模型的性能较差,估算的精度低于一些初级学习器。这也符合集成学习模型的理论,即二级学习器选择的算法越简单,集成模型的性能越好。图 3-5 更直观地反映了 StMLR 模型的优越性能。StMLR 模型的小提琴形状比其他模型更好,换句话说,模型更稳定。这体现了集成学习算法的重要作用。由于作物地理位置、生长环境和品种的差异,单一算法构建的模型不一定能得到较好的结果。这时,集成学习算法可以综合多个初级学习器的结果得到最佳输出,以保证模型的稳定性和通用性。例如,在预测 2021 年玉米的 LAI 时,GPR 和 RF 等基础模型的 RPD(2.866,2.871)低于 3.0,按照评价标准仅达到了中等的评价,模型能较好地估算夏玉米 LAI。但是通过 StMLR 二级学习器学习后,集成模型的 RPD 达到 3.142,表示模型具有极好的估算能力和稳定性。

　　图 3-6 绘制了二级学习器(StMLR)的 400 次迭代结果中基模型系数的分布。结果表明,在二级学习器中,具有较高准确性的基模型总是被赋予较高的权重。这也体现了 Stacking 算法的工作机制,不是直接将表现良好的基础模型的输出作为最终输出,而是通过结合初级学习器得到最接近真实值的输出结果。

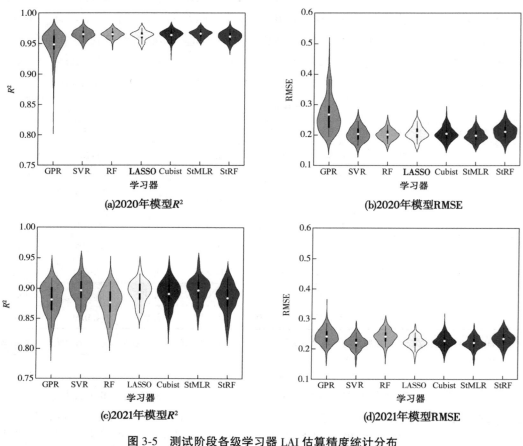

(a)2020年模型R^2　　　　　　　　(b)2020年模型RMSE

(c)2021年模型R^2　　　　　　　　(d)2021年模型RMSE

图 3-5　测试阶段各级学习器 LAI 估算精度统计分布

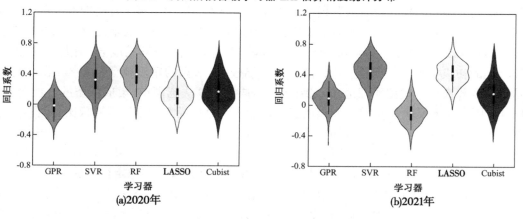

(a)2020年　　　　　　　　(b)2021年

图 3-6　二级学习器(StMLR)中基模型系数分布

3.3　讨　论

图 3-7 显示了两种处理下的正态性检验。从图 3-7 中可以看出,数据在所有情况下都符合正态分布,并且 2021 年的数据表现优于 2020 年。因此,可以运用方差分析(ANOVA)讨论灌溉处理和施肥处理如何影响 LAI 变化,分析结果见表 3-5 和表 3-6,其 F 检验和 P 值是判断因素显著性的重要指标。方差分析结果表明,肥料胁迫和水分胁迫显著影响玉米 LAI 的大小,且灌溉处理对 LAI 的影响比施肥处理更显著。除 LAI 外,株高、叶绿素、生物量等作物生长指标也与水肥胁迫密切相关。前期的大量研究也证明,光谱反演这些生长指标具有良好的性能(Elmetwalli et al.,2020)。同时,由于作物表型参数是作物健康状况的外在表现,表型参数之间存在密切的关系。例如,植物高度也被用来估计 LAI 。因此,后续研究还需要分析玉米 LAI 等表型数据之间的关系,利用光谱图像构建反演模型,通过多指标监测模型进一步提高水肥监测的准确性。此外,应增加施肥处理,不仅要研究氮磷钾元素组合对玉米 LAI 的影响,还要研究不同施肥量下玉米 LAI 的变化,实现光谱的定量监测,促进玉米水肥智能化管理的发展。在本书中,玉米的 LAI 是通过 Sunscan 植物冠层分析仪间接测量的。Sunscan 植物冠层分析仪测量透射辐射穿过植物冠层的比例,并使用辐射传输理论计算 LAI。使用冠层分析仪测量的 LAI 通常低于实际的 LAI(直接测量),并且可能存在偏差。鉴于此,我们拒绝从数据分析中排除测量值,因为作物冠层异质性在很大程度上仍然存在。我们认为的异常值实际上可能是测试地块中最密集或最稀疏的玉米冠层,剔除这些值可能会将实际情况排除在外。

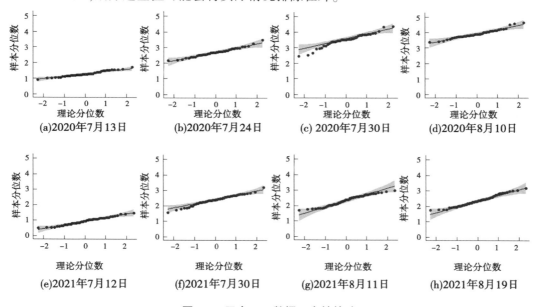

图 3-7　玉米 LAI 数据正态性检验

表 3-5　2020 年 LAI 与控制变量之间的 ANOVA 结果

控制变量	7 月 13 日		7 月 24 日		7 月 30 日		8 月 10 日	
	F	P 值	F	P 值	F	P 值	F	P 值
施肥	3.428	0.019	9.797	3.418×10^{-5}	8.296	1.248×10^{-4}	4.674	0.005
灌溉	25.266	3.69×10^{-7}	20.713	2.233×10^{-6}	20.563	2.379×10^{-6}	12.059	1.434×10^{-4}

注:施肥因子的 F 检验临界值为 2.69($\alpha < 0.05$),灌溉因子的 F 检验临界值为 3.32。

表 3-6　2021 年 LAI 与控制变量之间的 ANOVA 结果

控制变量	7 月 12 日		7 月 30 日		8 月 11 日		8 月 19 日	
	F	P 值	F	P 值	F	P 值	F	P 值
施肥	2.632	0.061	6.825	6.360×10^{-4}	11.389	9.277×10^{-6}	5.892	0.002
灌溉	9.508	3.324×10^{-4}	10.155	2.100×10^{-4}	15.044	8.466×10^{-6}	24.694	4.224×10^{-8}

注:施肥因子的 F 检验临界值为 2.84($\alpha < 0.05$),灌溉因子的 F 检验临界值为 3.23。

　　通过多光谱、高光谱或可见光图像融合反演作物 LAI 的研究常被报道。随着无人机技术和图像传感器技术的发展,目前的研究表明多源光谱融合比单一数据源具有更好的性能,但大部分模型的 R^2 提升小于 0.1。考虑到设备成本和数据处理的复杂性,仅使用多光谱数据虽然损失了一点估计精度,但却降低了数据处理的难度和模型的复杂度。对于现阶段的农田智能灌溉,研究光谱对不同灌溉方式、灌溉量、灌溉周期和肥料配比的响应是重点和难点。因此,本书未讨论多源光谱数据反演对玉米 LAI 的影响。特别地,不同类型的光谱图像在本质上没有区别。后续研究可以根据实际需要,将其他类型光谱图像提取的数据作为参数输入到模型中一同分析。

　　输入变量的多少及表现对机器学习算法构建的模型性能有很大影响。特征向量的选择不仅可以提高模型的准确性和稳定性,还可以降低收集特征的难度和时间成本。本书采用逐步回归法选择 AIC 值最低的回归模型,然后根据相对重要性选择植被指数。最后,产生了五个表现最好的植被指数。在未来的研究中,可以引入其他特征选择方法来更准确地筛选植被指数,例如 mRMR、最小角回归(LARS)等。

　　本书以 GPR、SVR、RF、LASSO 和 Cubist 5 种算法为初级学习器,以两年的玉米 LAI 数据建立模型,通过 4 个评价指标评价 5 种基本模型的估算能力。结果表明,在这 5 种经典机器学习算法构建的模型中,输出值与真实 LAI 的相关性决定系数 R^2 较大,但在预测 2021 年玉米 LAI 时,GPR 模型和 RF 模型的 RPD 均小于 3.0。事实证明,使用单一机器学习算法构建的模型在不同数据集上的表现可能不同,存在估计错误的风险。Yuan 等(2017)发现 RF 模型最适合整个生长期的 LAI 估计。然而,在本书中,RF 算法构建的基模型在 2021 年表现不佳。结果不一致的原因:一方面可能是由于机器学习模型在不同数据集上的表现不同,另一方面是作物的种类不同。RF 基模型在 2020 数据集上取得了最好的估计结果,也证明了上述分析的正确性。单一算法分析不同数据时模型性能的差异,使得在不同建模条件下难以获得最优的估计效果,但是集成学习算法可以避免这种现象。

本书中使用的 Stacking 就是集成学习方法的一种,相较于单一机器学习算法,集成算法的优势在于适应性和抗干扰能力强,构建的模型具有更好的性能。Stacking 算法通过层级递进的原则,不断生成更加优秀的回归模型,学习器层数可根据实际需要确定。在本书中,二层学习器构建的模型已经获得了很强的预测能力,考虑到模型的复杂性,我们并没有为 Stacking 框架设置更多的层数。同时,由于每个基模型都必须作为二级学习器的输入变量,所以初级模型的选择应该遵循一些原则。首先,集成方法结合了单个模型的估计值,每个基模型的性能都会影响最终的集成结果,因此每个初级模型都应该具有良好的估计能力。其次,模型之间应该存在差异。简单来讲,就是说如果一个算法的假设空间并不符合夏玉米 LAI 的真实假设,那么这个算法就是不能被选用的,即便该算法构建的模型具有优秀的性能表现,因为这从一开始就是错误的。本书采用 Stacking 方法将六种算法结合起来构建估算 LAI 的集成模型。结果清楚地表明,集成学习模型的性能在这两年的数据中都是最佳的。本书和之前的研究都表明,集成算法可以提高模型在植物表型评估中的性能。集成模型测试集的观测值和模拟值如图 3-8 所示,从图 3-8 中也可以看出集成模型的估算效果非常好。在未来的研究中应加入其他地区及其他作物的表型数据,并尝试更多不同的回归算法和集成学习算法,进一步提高基于无人机遥感的作物表型反演精度。

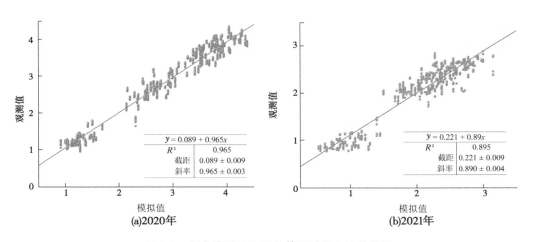

$$y = 0.089 + 0.965x$$

R^2	0.965
截距	0.089 ± 0.009
斜率	0.965 ± 0.003

(a)2020年

$$y = 0.221 + 0.89x$$

R^2	0.895
截距	0.221 ± 0.009
斜率	0.890 ± 0.004

(b)2021年

图 3-8　集成模型(MLR)估算测试集 LAI 的结果

3.4　本章小结

本章探讨了不同水肥处理下夏玉米 LAI 的变化,并借助无人机作物表型观测平台和机器学习集成算法构建了夏玉米 LAI 估算模型。主要结论如下:

(1)在两年的试验中,分析了不同水肥处理与 LAI 的关系,发现 LAI 对水肥胁迫响应显著。同时,多光谱植被指数也与不同时期的玉米 LAI 显著相关。皮尔逊相关系数不小于 0.639,最高可达 0.89。

（2）多生育时期融合后，LAI 与植被指数符合多项式回归，且相关性显著高于单生育时期。LAI 与不同植被指数的相关性决定系数 R^2 平均值分别为 0.946（2020 年）和 0.887（2021 年）。

（3）以 StMLR 为二级学习器的集成学习算法构建的模型优于单一机器学习算法构建的模型，2020 年 R^2 = 0.967，RMSE = 0.198；2021 年 R^2 = 0.897，RMSE = 0.220。两年模型的 RPD 均大于 3，表明模型稳定。

这些结论表明，LAI 可以表征作物水分和肥料胁迫的程度。集成学习算法可以代替单一机器学习算法来建立 LAI 估算模型。本章为水肥自动化管理提供了一定的理论支持。

第 4 章　无人机光谱反演作物株高及生物量

水肥亏缺程度直接影响着作物的长势,仅仅依靠 LAI 不能很好地反映出作物在空间上的差异。而对作物同步展开株高及生物量的监测,则正好可以弥补这一缺陷,将监测的作物形态从二维平面上升到三维立体空间,更好地反映出作物的长势及空间形态。本章对玉米同步展开株高及生物量的监测,以期实现对作物长势的全面监测。

4.1　结果与分析

4.1.1　不同处理下夏玉米株高变化

表 4-1 为三个灌溉处理情境下不同时期夏玉米株高均值及标准差。2020 年的试验中,随着生育时期的进行,夏玉米株高不断增加,7 月 30 日平均值已增至 2 m。2020 年夏玉米各生育时期株高均表现出随灌水量的增加而增加,W2 处理比 W0 处理的株高均值高 6.96 cm、9.14 cm、17.49 cm、28.69 cm;W2 处理比 W1 处理的株高均值高 3.73 cm、7.66 cm、10.83 cm、11.92 cm;W1 处理比 W0 处理的株高均值高 3.23 cm、1.48 cm、6.66 cm、16.77 cm。2021 年 7 月 15 日三个处理之间的株高仍符合这一规律。然而 7 月 15 日后连续暴雨导致试验中断,我们发现至 7 月 30 日采集数据时,株高在三个处理间的差异发生了变化,W0 处理下的株高均值为 137.69 cm,反而超过了 W1 处理情景下的株高 135.00 cm。此后,随着试验的恢复,W1 处理下的夏玉米平均高度逐渐接近 W0 处理,差值缩小到了 0.13 cm。至 8 月 11 日(吐丝期)测量时 W1 处理下的株高均值比 W0 处理高了 0.13 cm。两年中不同灌水处理情景下的株高变化现象更加表明,水分亏缺程度显著影响着夏玉米植株的生长发育,株高能在一定程度上反映灌水量是否能够满足作物生长所需。

表 4-1　三个灌溉处理情境下不同时期夏玉米株高均值及标准差

日期		地面观测值					
		W0 处理		W1 处理		W2 处理	
		株高/cm	SD	株高/cm	SD	株高/cm	SD
2020 年	7 月 13 日	60.87	4.10	64.10	3.99	67.83	3.72
	7 月 20 日	119.65	7.24	121.13	3.37	128.79	6.82
	7 月 24 日	156.07	6.07	162.73	6.41	173.56	6.65
	7 月 30 日	191.13	7.07	207.90	6.11	219.82	11.58

续表 4-1

日期		地面观测值					
		W0 处理		W1 处理		W2 处理	
		株高/cm	SD	株高/cm	SD	株高/cm	SD
2021 年	7 月 15 日	67.98	9.14	70.66	9.87	76.50	9.52
	7 月 30 日	137.69	8.01	135.00	13.31	148.36	13.48
	8 月 4 日	160.03	12.58	159.90	13.41	170.76	16.22
	8 月 11 日	215.13	11.24	215.26	14.49	224.75	5.52

随着生育时期的进行，三个灌溉处理情境下株高标准差有增加的趋势，考虑原因是施肥处理导致不同试验小区间的株高出现差异。为验证这一结论，将各小区株高按照施肥处理统计于图 4-1。从图 4-1 中可以看出，2020 年施肥处理小区株高明显高于对照小区 CK，且 NPK 处理下的玉米株高最高。2021 年 7 月 30 日对照小区 CK 处理的株高最高，表现异于其他时期。考虑原因是暴雨导致此阶段未进行灌溉追肥，植株株高在水分充足情境下发育不受控制，与施肥处理之间的相关性减弱。但是 8 月以后的两次观测发现施肥处理的小区株高均值逐渐接近并最终超过了对照小区 CK。这一现象更加表明株高受施肥的影响，可以作为夏玉米肥料亏缺的判断依据。

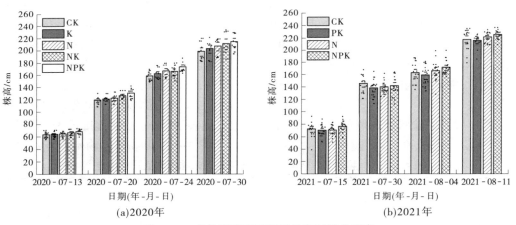

(a)2020年　　　　　　　　(b)2021年

图 4-1　5 个施肥处理下不同生育时期的株高

4.1.2　不同生育时期株高提取分析

图 4-2 为不同生育时期夏玉米株高地面观测值与多光谱 DSM 计算值对比图，由于吐丝期以后株高不再增加，因此本节仅讨论吐丝期之前的株高变化。对比同一生育时期两种方法得到的株高，DSM 计算值低于地面观测值。2020 年各生育时期平均差值分别为 25.95 cm、5.03 cm、38.04 cm、29.54 cm，2021 年各生育时期平均差值分别为 8.97 cm、8.58 cm、33.00 cm、68.86 cm。地面观测时只测量植株最高点的高度，而光谱计算的是整

个上部冠层的平均高度。因此,光谱计算的高度低于地面观测值。同时,抽雄吐丝期地面观测时记录的为雄穗最高点的高度,而光谱计算时雄穗所占像元较少,大部分像元为植株叶片区域,这可能是造成 2021 年 8 月 11 日地面观测值与多光谱 DSM 计算值差值过大的原因。对比不同生育时期的株高,多光谱 DSM 计算值与地面观测值具有相似的变化趋势,初步表明影像能够用于表征夏玉米株高。

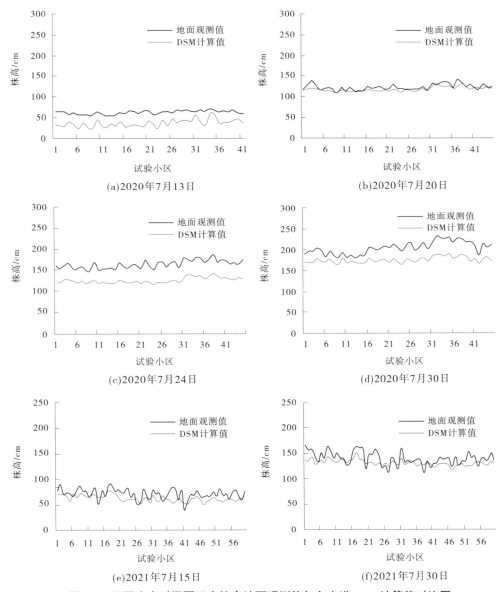

图 4-2　不同生育时期夏玉米株高地面观测值与多光谱 DSM 计算值对比图

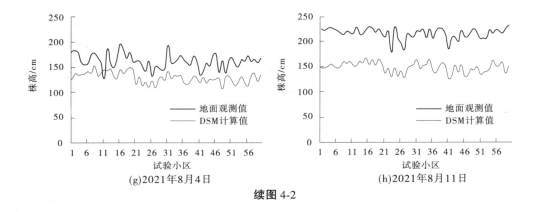

(g)2021年8月4日　　　　　　　(h)2021年8月11日

续图4-2

4.1.3　光谱计量株高的准确性分析

为讨论多光谱 DSM 计量夏玉米株高的准确性,对株高的地面观测值和多光谱 DSM 计算值进行一元线性拟合。图4-3 为夏玉米株高地面观测值与多光谱计算值之间的相关性散点图。可以看出,多光谱 DSM 计算值与地面观测值之间表现出很强的相关性,2020 年两者的决定系数 R^2 分别达到了 0.354、0.483、0.672、0.702。2021 年分别为 0.314、0.410、0.426、0.466。2021 年相关性表现低于 2020 年,考虑原因是两年观测株高时采用了同一标准,而两年玉米品种不同导致株型存在差异,2020 年玉米植株为紧凑型,2021 年为披散型,不同株型的玉米影像提取的株高可能不同,后续应增加试验验证这一猜想。对比各生育时期,光谱计算值与地面观测值相关程度不断增大,说明随着玉米的生长,同一小区不同植株间的高度趋向于统一,符合客观规律。不同生育时期光谱计算值与地面观测值的相关程度表明,影像计算出的株高具有较高的可靠性和精准度,可以用作试验中株高的观测方法以及田间作物管理。图4-4 为生育时期融合后两种计量方法所得株高的相关关系。从图4-4 中可以看出,生育时期融合后株高观测值与多光谱 DSM 计算值呈指数相关,相关性显著提升,两年的 R^2 分别为 0.946 和 0.906。这与第 3 章中玉米 LAI 表现出了相同的规律,即生育时期的融合可以显著地增加地面观测值与光谱数据之间的相关性。这表明无人机遥感监测作物长势非常适合大数据时代,符合农业未来的发展方向。

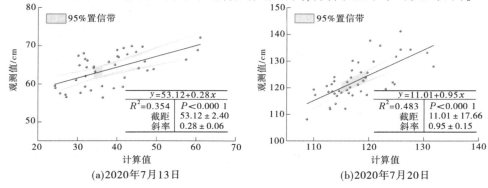

(a)2020年7月13日　　　　　　(b)2020年7月20日

图4-3　夏玉米株高地面观测值与多光谱计算值之间的相关性散点图

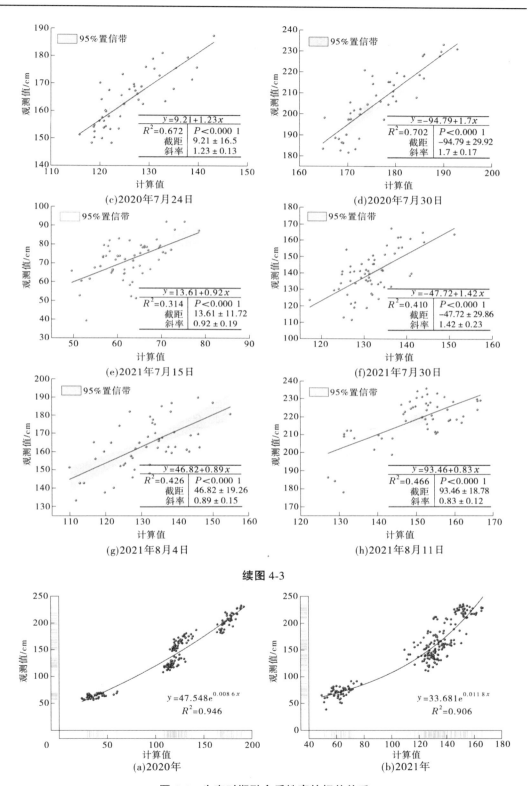

续图 4-3

图 4-4　生育时期融合后株高的相关关系

4.1.4　夏玉米生物量与植被指数相关性分析

为讨论植被指数与生物量的相关关系,建立不同时期植被指数与生物量的一元线性回归模型,并将各回归模型相关程度统计于表4-2。从表4-2可以看出,2020年7月24日植被指数均与生物量在 $P < 0.0001$ 水平上极显著相关,相关系数绝对值不小于0.625。2020年8月26日和9月24日植被指数均与生物量在 $P < 0.001$ 水平上显著相关,相关系数绝对值不小于0.412。其中,各生育时期相关系数绝对值最大的指数分别为GOSAVI(7月24日)、NNIR(8月26日)、MCARI(7月24日)。综合三次结果来看,2020年植被指数与生物量之间的相关性不高,考虑原因是每个小区仅取1株玉米地上部分测量,随机性较大。因此,2021年的试验中每种处理固定一个取样小区,共计12个小区,每个小区取3株玉米测量地上部分鲜重,计算平均值代表该小区实际生物量。结果表明,相较于2020年相关性有所提升,皮尔逊相关系数均高于0.587。

表 4-2　植被指数与生物量相关系数

植被指数	2020 年			2021 年		
	7 月 24 日	8 月 26 日	9 月 24 日	7 月 12 日	7 月 30 日	8 月 19 日
NDVI	0.626***	0.626***	0.48**	0.724**	0.716***	0.843***
MCARI	0.625***	0.510**	0.533**	0.682**	0.797**	0.767**
GOSAVI	0.644***	0.499**	0.527**	0.653	0.696**	0.906***
NNIR	0.643***	0.643***	0.412**	0.673**	0.587*	0.827**
SIPI	0.628***	0.628***	−0.413**	0.706**	0.717**	0.84**

注:*** 表示在 $P < 0.0001$ 水平上显著相关;** 表示在 $P < 0.001$ 水平上显著相关;* 表示在 $P < 0.01$ 水平上显著相关。

4.1.5　不同处理下夏玉米生物量反演

采用第3章中所用到的机器学习算法中的SVR、Cubist、RF三种算法,将五种植被指数作为输入变量,生物量作为输出变量,构建夏玉米不同生育时期生物量反演模型,反演结果如表4-3~表4-5所示。其中,2021年单生育时期数据集样本量达不到机器学习算法建模的要求,因此将2021年三个生育时期融合为一个数据集。由此,两年用于模型构建的数据集就具有相近的规模,并且可以观察生育时期融合对生物量反演精度的影响。

表 4-3　SVR 模型反演夏玉米生物量结果

日期	测试集		训练集	
	R^2	RMSE/g	R^2	RMSE/g
2020 年 7 月 24 日	0.407	101.71	0.544	89.78
2020 年 8 月 26 日	0.488	143.82	0.822	79.06
2020 年 9 月 24 日	0.312	147.69	0.475	131.56
2021 年生育时期融合	0.942	59.47	0.978	36.63

表 4-4　Cubist 模型反演夏玉米生物量结果

日期	测试集		训练集	
	R^2	RMSE/g	R^2	RMSE/g
2020 年 7 月 24 日	0.542	87.41	0.489	85.05
2020 年 8 月 26 日	0.511	135.77	0.749	92.04
2020 年 9 月 24 日	0.346	154.06	0.427	118.82
2021 年生育时期融合	0.941	64.43	0.963	47.34

表 4-5　RF 模型反演夏玉米生物量结果

日期	测试集		训练集	
	R^2	RMSE/g	R^2	RMSE/g
2020 年 7 月 24 日	0.488	95.49	0.83	50.94
2020 年 8 月 26 日	0.452	143.81	0.904	66.06
2020 年 9 月 24 日	0.264	142.16	0.886	66.16
2021 年生育时期融合	0.934	65.53	0.983	32.00

从表 4-3~表 4-5 中可以看出,三种算法构建的模型生物量拟合精度相较于单一植被指数均有不同程度的提升。Cubist 模型树算法在 2020 年不同生育时期的测试集上具有最优的表现,模型 R^2 分别为 0.542、0.511、0.346,对应的 RMSE 分别为 87.41 g、135.77 g、154.06 g。7 月 24 日模型反演精度明显优于其余 2 个生育时期,且随着生育时期的进行,模型稳定性逐渐降低。2021 年生育时期融合后,模型精度得到了大幅度的提升,三个模型在测试集上的 R^2 达到了 0.942、0.941、0.934,RMSE 低至 59.47 g、64.43 g、65.53 g,表明生育时期融合对模型精度的影响极为显著。这与 LAI 和株高表现出了相同的规律,单一生育时期各小区差距相对小,而生育时期之间各指标差距大,数据跨度的扩大可以降低小范围误差的影响,这是导致生育时期融合后模型精度大幅提升的主要原因。通过以上分析可以证明基于无人机多光谱数据反演不同水肥条件下的夏玉米生物量的方法是可行的。

4.2　讨　论

本章发现通过多光谱 DSM 提取的夏玉米株高,与地面观测值相关程度较高,可以满足评估夏玉米长势差异的要求。光谱数据提取的株高普遍小于地面观测值,这是由于文中涉及的株多光谱计算值全部为冠层高度平均值,而地面观测时记录的为植株高度最大值。这一差异在 2021 年玉米抽雄期表现得更加明显,因为此时地面观测记录的是雄穗的高度。作者认为,光谱提取的株高称为冠层高度更为合理,因为株高指的是植株自地表至最高点的高度。但光谱记录的冠层高度信息更加适合于农田生产管理,因为其不仅可以快速高效地获取整片农田中作物的长势差异、体现作物冠层异质性,而且不会出现人工记录所存在的由于随机误差导致的过高或过低估计,更加适应农田现代化精准管理,完全可以作为一种有效反演株高的方法使用,并且提高了光谱图像的利用程度,节约生产管理成本。

本章结果发现,本试验处理下的变量灌溉和施肥处理会对夏玉米株高、生物量产生影响。由于夏玉米采用的灌溉方式为滴灌且每次灌水量并未达到田间持水量,因此本试验中所有试验小区都存在不同程度的水分亏缺现象,水分亏缺程度 W2<W1<W0,W2 灌溉处理下各试验小区夏玉米生长发育受到的影响最小,W0 灌溉处理条件下水分亏缺最严重,对不同生育时期的株高均产生了显著的影响。同时,肥料配比最完整的试验小区株高优于其他施肥处理小区及对照不施肥小区,表明夏玉米生长指标可以在一定程度上反映其肥料亏缺程度。后续试验应增加施肥量处理,以精准诊断玉米各生育时期养分亏缺程度,建立大田夏玉米施肥处方图,实现水肥一体化智能精准灌溉。

本章通过不同的机器学习算法构建了夏玉米生物量反演模型,比较模型之间的反演精度,最终发现 Cubist 模型树算法具有最好的预测精度。但限于试验过程中的参与人员较少,生物量取样数量无法达到集成学习算法要求的数据集规模。未来试验中应增加样本量以扩大数据集规模,从而验证集成学习算法在反演夏玉米生物量上的表现。同时,生育时期融合后模型的反演精度得到了极大的提升,实际生产中应积累不同时期的数据,以不断增加模型稳定性,使得光谱监测效果逐步提升。

4.3　本章小结

(1)不同灌溉施肥处理显著影响夏玉米株高,DSM 计算的株高值与实测值均在 $P<0.000\ 1$ 水平上极显著相关,2020 年不同时期决定系数 R^2 分别为 0.354、0.483、0.672、0.702。2021 年不同时期决定系数 R^2 分别为 0.314、0.410、0.426、0.466。

(2)生育时期融合可以极大地提高光谱反演株高的精度,两年的拟合优度分别为 0.946 和 0.906。

(3)多光谱植被指数与不同水肥处理下的夏玉米生物量相关性较好,利用 Cubist 算法构建的 2020 年玉米生物量反演模型表现最优,测试集 R^2 分别为 0.542、0.511、0.346。生育时期融合可以极大地提高模型的反演优度,3 种算法构建的模型在 2021 年生育时期融合数据集上均具有优秀的表现,模型在测试集上的 R^2 分别达到了 0.942、0.941、0.934。

第 5 章　无人机热红外反演土壤含水率

热红外能够获取作物的冠层温度(Li et al., 2018),如何通过冠层温度反演作物水分亏缺程度,提高土壤含水率反演精度需要进一步试验探讨。本章借助无人机遥感,重点研究不同灌水量处理下土壤含水率反演精度问题,为大田精准灌溉提供理论补充。

5.1　冠层温度的提取

无人机获取的是整个试验区的图像,由于裸露土壤以及阴影等并非冠层区域,因此首先要对热红外图像进行植土分离。许多学者根据玉米植株对可见光的绿波段(G)反射强烈,而对蓝波段(B)和红波段(R)的能量吸收强烈,选用光谱指数对可见光图像进行运算,从获得的灰度图像上分别选取玉米冠层与非冠层的感兴趣区域。如图 5-1 为 2020 年7 月 13 日通过此方法计算得到的玉米冠层和非冠层区域频率直方图。从图 5-1 中可以看出,玉米冠层与非冠层区域有明显的分界(左侧为非冠层区域,右侧为玉米冠层),由此可以确定阈值剔除非冠层区域获得玉米冠层矢量文件。

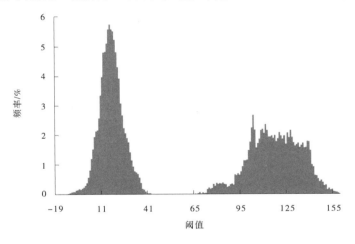

图 5-1　玉米冠层与非冠层样本的 ExG 指数值直方图

获得玉米冠层二值化图像后,将图像导入 ArcGIS 中叠加于配准后的热红外图像提取玉米冠层热红外图像。提取流程如图 5-2 所示,图 5-2(c)为提取出的冠层热红外图像,可以看出剔除效果较好。但此方法操作流程较烦琐,尤其各生育时期玉米冠层和土壤样本需要手动绘制感兴趣区域,难以流程化操作。本书基于这些问题,尝试寻找其他方法来代替指数计算实现剔除土壤的目的。由于第 4 章中已经通过 DSM 数字表面模型计算出了夏玉米株高分布图,在此图中,玉米冠层区域高程均大于其他非冠层区域。从原理上来说,株高分布图也可以用来制作玉米冠层掩膜。图 5-3 即为计算出的株高分布图,可以看到玉米植株被较完整地提取出来。以株高分布图作为提取掩膜可以大大缩减处理流程，并且可以充分利用处理的数据，不同生育时期的阈值也可以设为同一个值，便于批量化处理。另外，从 5-3(b) 中可以看到部分试验小区存在杂草，利用可见光指数法无法剔除杂草。但株高分布图中部分杂草已经被剔除，随着玉米株高的增加，杂草与玉米的高度差距将越来越明显，通过株高分布图可以将杂草全部剔除。因此，本章采用此方法代替可见光指数法绘制掩膜。但本方法也有缺陷，如对获取的图像质量要求较高，图 5-3(c) 的效果明显优于图 5-3(a)。本书在处理时，对于图像质量达不到要求的时期，仍采用可见光指数法进行处理。未来，随着无人机及光谱相机的不断发展，获取的图像精度将会不断提高，届时本书提出的方法能够实现较为精准的作物冠层提取。

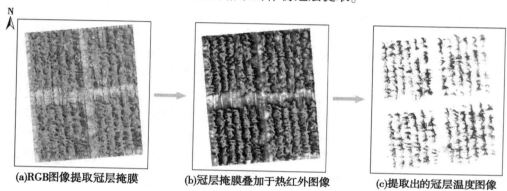

(a)RGB图像提取冠层掩膜　　(b)冠层掩膜叠加于热红外图像　　(c)提取出的冠层温度图像

图 5-2　冠层热红外图像提取流程

(a)2020年7月13日株高分布图

(b)2020年7月13日可见光图像

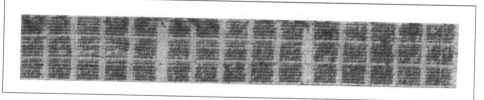

(c)2021年7月15日株高分布图

图 5-3　株高分布图

5.2　结果与分析

5.2.1　非冠层区域对冠层温度提取的影响

　　为验证冠层温度提取时非冠层区域所产生的影响,以不灌水处理的 15 个试验小区为例,对比了剔除和未剔除非冠层区域两种提取方法下的冠层温度,结果如图 5-4 所示。从图 5-4 中可以看出,剔除非冠层区域后的各试验小区冠层温度均小于同时期未剔除时的冠层温度。对比 4 个时期两种提取方法下的冠层温度发现 7 月 13 日差异最为明显,平均差值达到了 5.3 ℃,这是由于此时玉米植株较小,试验小区内所包含的非冠层区域多,因此差距相比其他时期而言最为明显。9 月 7 日两者差异又表现出明显的趋势,通过可见光图像可以看出此时试验区玉米植株底部叶片开始衰落,非冠层区域逐渐增多。图 5-4 (b) 中第 8 和 11 试验小区两种条件下的冠层温度差异相较于其他小区明显增大,通过可见光图像对比发现,两个试验小区由于埋设仪器导致缺苗,非冠层区域相较于同时期的其他试验小区多,以上现象都表明了非冠层区域的温度对结果影响较大。

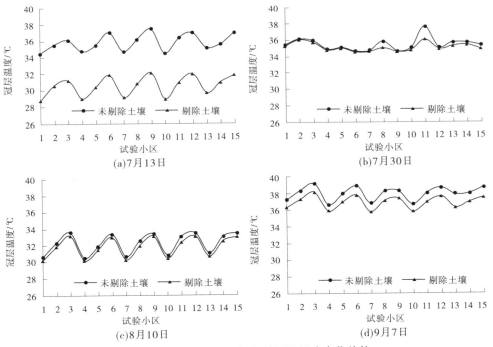

图 5-4　两种条件下提取的冠层温度变化趋势

5.2.2　不同处理之间冠层温度变化趋势

　　图 5-5 为三种水分处理下各试验小区不同生育时期冠层温度变化趋势,其中图 5-5 (a)、(c)、(d) 三个时期的冠层温度均呈现波浪式的变化趋势。这是由于试验区右侧相邻地块玉米种植时间晚,7 月 13 日仍处于苗期,全生育期内株高均比试验区低。以抽雄吐

丝期为例(此时株高不再增加),试验区玉米株高为 250~310 cm,而试验区右侧相邻地块玉米株高仅为 150~200 cm,因此冠层温度受热辐射的影响自左向右逐渐升高。图 5-5(b)是灌后 24 h 内获取的热红外影像,可以看到此变化趋势并不明显,分析原因为灌水能够影响区域小气候,使得冠层温度发生变化。图 5-5(a)、(b)、(c)中冠层温度均低于大气温度,而图 5-5(d)中 W0 处理下存在冠层温度高于大气温度的现象,分析原因是当天大气温度和光照强度高,并且 W0 处理下玉米受到水分胁迫以及热辐射影响,导致右侧的试验小区冠层温度高于大气温度。

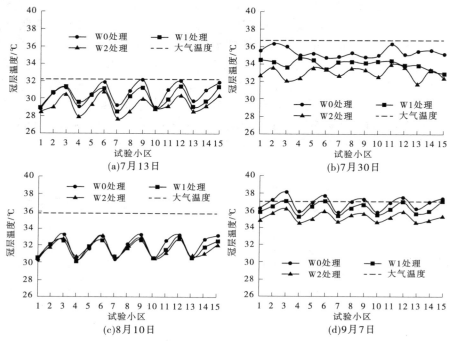

图 5-5 不同生育时期各试验小区冠层温度变化

对比四个时期冠层温度的变化趋势,7 月 30 日和 9 月 7 日均是灌溉后拍摄,可以看出不同灌溉处理之间的冠层温度发生明显变化,土壤含水率越高,冠层温度越低。而 7 月 13 日前较长时间未灌水(7 d 以上),8 月初连续降雨,降水量累计达到 201 mm,可以看出两个时期的冠层温度在不同处理之间的差异相对较小,这表明冠层温度在一定程度上可以表征土壤水分亏缺程度。同时通过表 5-1 可以看出,除 9 月 7 日外冠层温度与 LAI 具有极显著相关性,表明冠层温度在一定程度上受到作物 LAI 的影响。

表 5-1 冠层温度与 LAI 相关性

日期	相关性	显著性
7 月 13 日	-0.623	***
7 月 30 日	-0.637	***
8 月 10 日	-0.509	***
9 月 7 日	-0.207	

注:*** 表示在 $P<0.0001$ 水平上显著相关,无 * 表示无显著相关。

5.2.3 冠气温差与不同深度土壤含水率的关系

夏玉米不同生育时期各试验小区的冠气温差与 0~60 cm 深度土层土壤含水率的相关关系如表 5-2 所示,为了直观显示冠气温差与土壤含水率的关系,将不同生育时期冠层温度与 0~20 cm 深度土层散点图绘制于图 5-6。

表 5-2 冠气温差与土壤含水率的相关关系

日期	土层深度/cm	拟合关系	R^2	显著性
7 月 13 日	0~20	$y=-0.003\ 2x+0.165\ 1$	0.132 6	*
	20~40	$y=-0.001\ 2x+0.161\ 9$	0.021 3	
	40~60	$y=-0.001\ 6x+0.174\ 5$	0.015 5	
7 月 30 日	0~20	$y=-0.026\ 3x+0.085$	0.614 6	***
	20~40	$y=-0.019\ 6x+0.082\ 7$	0.519 4	***
	40~60	$y=-0.017x+0.090\ 7$	0.463 5	***
8 月 10 日	0~20	$y=-0.002\ 5x+0.203\ 7$	0.055 3	
	20~40	$y=-0.004\ 5x+0.164\ 7$	0.143 2	*
	40~60	$y=-0.003\ 6x+0.172\ 7$	0.109 8	*
9 月 7 日	0~20	$y=-0.022\ 8x+0.144\ 6$	0.463 7	***
	20~40	$y=-0.002\ 7x+0.142\ 2$	0.341 6	***
	40~60	$y=-0.016\ 2x+0.139\ 5$	0.539 4	***

注:x 为冠气温差,℃;y 为土壤含水率(%);无 * 表示无显著相关,* 表示在 $P<0.05$ 水平上显著相关,*** 表示在 $P<0.000\ 1$ 水平上显著相关。

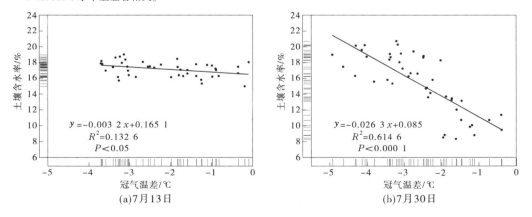

图 5-6 冠气温差与土壤含水率相关关系(0~20 cm)

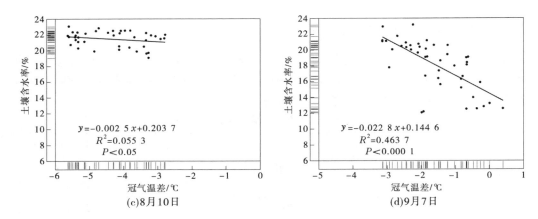

续图 5-6

从表 5-2 可以看出,各回归模型的系数均为负值,表明冠气温差与土壤含水率呈负相关。不同时期冠气温差与土壤含水率的线性相关程度存在差异,以 0~20 cm 深度土层为例,7 月 13 日模型相关性较低,R^2 仅为 0.132 6($P<0.05$)。前文提到 7 月 13 日前未进行灌溉处理,8 月初有降雨,试验田表层土壤含水率差异相对较小(散点图中趋势线斜率较小),此时,试验误差的影响(冠层温度提取、取土位置等)变得明显,导致决定系数低。7 月 30 日和 9 月 7 日的热红外图像为灌溉后获取,回归模型极显著相关(R^2 达到 0.614 6 和 0.463 7,$P<0.000$ 1),表明土壤含水率的空间差异越大,冠气温差与土壤含水率的相关性越高。

8 月 10 日不同土层深度的回归模型中,0~20 cm 深度土层回归方程的决定系数反而小于另两个深度(R^2 = 0.055 3,小于 0.143 2、0.109 8)。取土过程中发现这一时期玉米根系在 40~60 cm 附近的土层中分布最广泛,表明当表层土壤水分充足时,冠气温差对主要根系活动层内的土壤水分响应更强烈。

5.2.4 D_{TL} 与不同深度土壤含水率相关关系

由前文可知 LAI 能够影响冠层温度的变化,由此尝试将冠气温差与 LAI 结合构建冠气温差和叶面积指标[式(5-1)]反演土壤含水率,由于 LAI 与冠气温差呈负相关,故对冠气温差取相反数,结果见表 5-3。同时将 0~20 cm 土层 D_{TL} 与土壤含水率散点图绘制于图 5-7。

$$D_{TL} = -(T_c - T_a) \times LAI \tag{5-1}$$

式中,T_a 为冠层上方大气温度,℃;T_c 为热红外图像提取的冠层温度,℃。

表 5-3 D_{TL} 与不同深度土壤含水率相关关系

日期	土层深度/cm	拟合关系	R^2	显著性
7 月 13 日	0~20	$y = 0.002\ 5x + 0.165\ 1$	0.160 0	**
	20~40	$y = 0.000\ 7x + 0.162\ 6$	0.015 7	
	40~60	$y = 0.001\ 6x + 0.173\ 3$	0.037 5	

续表 5-3

日期	土层深度/cm	拟合关系	R^2	显著性
7月30日	0~20	$y = 0.006\ 8x + 0.090\ 2$	0.661 6	***
	20~40	$y = 0.005\ 1x + 0.086\ 2$	0.567 9	***
	40~60	$y = 0.004\ 4x + 0.093\ 6$	0.505 9	***
8月10日	0~20	$y = 0.000\ 5x + 0.205\ 2$	0.063 0	
	20~40	$y = 0.000\ 8x + 0.169\ 6$	0.120 5	*
	40~60	$y = 0.000\ 8x + 0.173\ 5$	0.149 5	*
9月7日	0~20	$y = 0.005x + 0.146$	0.485 0	***
	20~40	$y = 0.013\ 1x + 0.140\ 2$	0.371 8	***
	40~60	$y = 0.003\ 6x + 0.140\ 7$	0.547 4	***

注:x 为 D_{TL},℃;y 为土壤含水率(%);无 * 表示无显著相关,* 表示在 $P<0.05$ 水平上显著相关,** 表示在 $P<0.01$ 水平上显著相关,*** 表示在 $P<0.000\ 1$ 水平上显著相关。

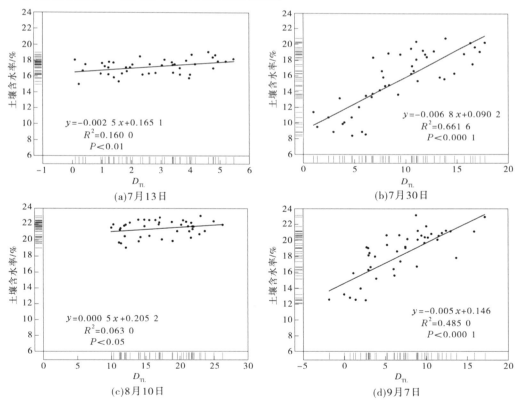

图 5-7　D_{TL} 与 0~20 cm 深度土壤含水率关系

　　从表 5-3 中可以看出,D_{TL} 与土壤含水率呈正相关,D_{TL} 越大土壤含水率越高。以 0~20 cm 土层为例,相比利用冠气温差时的反演精度 R^2(0.132 6,0.614 6,0.055 3,0.463 7),D_{TL}

反演的决定系数 R^2 (0.160 0、0.661 6、0.063 0、0.485 0)均有不同程度的提高。对比灌溉后不同土壤深度下的反演效果,反演精度随土层深度的增加而降低,与用冠气温差反演时变化规律一致。以 7 月 30 日不同深度的反演结果为例,决定系数 R^2 从 0.614 6、0.519 4 和 0.463 5 提高到 0.661 6、0.567 9 和 0.505 9。

综上所述,构建的新指标相比利用冠气温差指标在灌后反演精度均有不同程度的提升,研究中发现灌前时期的反演精度提升效果不明显,甚至出现降低的情况,这主要是因为试验小区较小,导致灌前的反演误差过大,反演精度的参考价值相应较低,后续可在大尺度范围内验证本指标,以确定指标是否能够提升反演精度。

5.3　讨　论

2021 年 7 月中旬暴雨导致田间气象站损坏,未获取到玉米生育时期内的气象数据。因此,本章未对 2021 年相关数据进行分析讨论。

许多研究通过一些边缘检测等算法直接从热红外图像上提取冠层温度(Pagay et al.,2019),但这对热红外图像的分辨率有很高的要求且需要研究者具有一定的算法基础。为了降低提取难度,本章针对可见光提取玉米冠层的分类方法上进行了尝试,最终发现 ExG 指数法在本试验区效果较好。但利用可见光指数法提取玉米冠层仍然存在一定的问题,比如:①可见光图像与热红外图像并不是完全重合的,即使是经过配准后某些地方也存在无法完美重合的情况,导致冠层温度与实际冠层温度存在偏差。②指数计算法操作流程较烦琐,尤其各生育时期玉米冠层和土壤样本需要手动绘制感兴趣区域,难以流程化操作。本章基于这些问题,尝试利用计算出的株高分布图代替指数法提取玉米冠层温度。此方法的优点在于直接利用已有的处理结果,且不同时期的图像可以采用相同的阈值,使处理过程相对简便。

本章分析了冠气温差与土壤含水率的相关关系,并在此基础上提出了 D_{TL} 这一个新的指标反演土壤含水率。通过建立一元线性回归方程发现 D_{TL} 与土壤含水率呈正相关,线性相关程度在不同时期不同深度下均有所提升(相比冠气温差反演时),但研究不足之处在于试验区域较小,对于大尺度情况下反演精度高低无法确定。通过分析 4 个时期的数据,结果发现灌后拍摄的两期影像反演精度较高,而另外两期影像反演精度则较低,这主要是本章的试验小区较为集中,当不进行灌溉处理时,各试验小区之间土壤含水率本身已无较大差异,试验误差对反演精度的影响就变得明显,导致反演精度不高。本章并未涉及拔节期之前的生育时期,对于拔节后期之前的时期土壤含水率反演精度如何还需通过后续试验进一步探讨,所提出的新指标在其他作物上应用的效果如何还需进一步验证。

5.4　本章小结

(1)分析了非冠层区域对冠层温度提取的影响。结果表明,剔除非冠层区域获得的冠层温度低于未剔除非冠层区域获得的冠层温度,且非冠层区域面积越大,两者的差值也越大。

（2）通过对 4 个时期数据的分析,发现表层(0~20 cm)土壤含水率差异较大时,冠气温差异对土壤含水率反演的效果较好;反之效果则不理想。

（3）与冠气温差相比,本章构建的 D_{TL} 指标反演精度有所提高,不同时期的反演精度 R^2(0.160 0, 0.661 6, 0.063 0, 0.485 0)相比仅利用冠气温差(0.132 6, 0.614 6,0.055 3, 0.463 7)时均有不同程度的提高,表明 D_{TL} 指标具有进一步研究的价值。

第 6 章　基于无人机多源数据融合估算作物植株含水率

6.1　模型构建与评价

使用随机森林(RF)、支持向量回归(SVR)和偏最小二乘回归(PLSR)三种常见机器学习算法估算冬小麦氮含量。根据前人的研究,三种机器学习算法在作物表型反演方面均有较好的表现(张亚倩 等,2022)。

6.1.1　随机森林

随机森林算法最初是由 Leo Breiman 提出的(Breiman, 2001)。随机森林算法是由许多单独的决策树组合而成的,随机是指决策树的生长过程,随机森林中的决策树各不相同。在构建决策树时,从训练数据集中有放回地随机抽取样本,选取一部分特征对模型进行训练,每棵决策树选取的特征和样本互相独立,进而每棵树都产生独立的估算结果。在这个过程中会使异常样本和对结果影响较大的样本对训练结果的影响降低。最后以投票的方式决定随机森林的输出结果,票选出最受欢迎的类别,得到一个较为合理和公平的结果,然后通过并行的方式将估算结果聚合,进而分类,精度会得到显著提高。由于随机森林中各个决策树之间相互独立,可以同时进行训练,进而不需要花费大量时间进行训练过程。随机森林随机的训练过程使得数据不容易过拟合,可以处理特征较多的高维数据,不需要进行特征选择,在进行合理的训练后精确度很高。随机森林属于集成学习,由许多独立的模型构成,这些模型能够独立学习、估算并且再投票出结果,得到的结果往往比单独的模型精度高,回归过程也同样遵循这些想法。随机森林基本原理如图 6-1 所示。

由于随机森林在分类和回归方面表现出优异的效果,已在农作物无人机表型反演领域得到广泛应用,在回归估算方面取得了较高的精度(王丽爱 等,2015)。

6.1.2　支持向量回归

支持向量机由 Vapnik 等在 20 世纪 90 年代末提出,是一种以监督学习的方式对数据进行分类的算法(祁亨年,2004)。支持向量回归(SVR)是由支持向量机的概念发展而来的,其核心思路是将输入变量空间中的点按类别划分。如图 6-2 所示,通过找到一条直线(图中实线),将不同种类的点所在的空间进行区分,当有新样本出现时,该样本所处的空间类别便称该样本为对应区间的种类,这条直线便是支持向量机。空间中每个样本与直线的距离也决定着支持向量机的效果,其代表样本分类的可信度,与直线距离越远,该点为对应区间类别的可信度越高;反之则可信度越低,找到一条直线使所有样本的可信度最高便是支持向量机的重要过程。直线附近的点与直线的距离为分类间隔,分类间隔远大

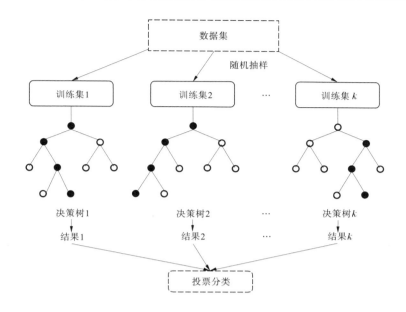

图 6-1　随机森林基本原理

表示分类效果越好,这些对直线有决定性的样本称为支持向量。对于回归问题,则需要使空间中的样本与直线的距离最小。对于不可分空间数据样本,需要将低维的线性不可分空间转化为高维的线性可分空间。使用最优和函数,通过在高维空间中构造与所有样本点距离最小的超平面来实现回归。本章同时使用线性核函数、多项式核函数和径向基核函数并选择最优结果。

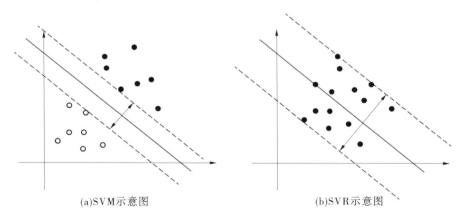

(a)SVM示意图　　　　　　　　　　(b)SVR示意图

图 6-2　支持向量机和支持向量回归过程示意图

本书使用支持向量回归常用的 4 类核函数:线性核函数、多项式核函数、高斯核函数和 Sigmoid 核函数。每种核函数能够应对不同类型的问题。线性核函数是最基本的核函数类型,能够有效解决线性问题。当数据集较大、特征较多时,线性核函数是最佳选择,同时线性核函数计算方便并且相比其他类型核函数更加快速。当空间样本不可分时,则需要将样本映射到高纬度特征空间,而在高纬度特征空间进行运算时面临着"维数灾难",此时多项式核函数能够有效应对这种问题。高斯核函数是较为常用的一种核函数,其本质是把空间中的样本映射至无穷维特征空间,与多项式核函数相似,通过提升维度把原本不可线性分割的样本变得可分割。Sigmoid 核函数是常见的 S 形曲线函数,也可成为 S 形生长曲线,其常用于神经网络中的激活函数。Sigmoid 核函数有较为平滑以及易于求导的特点。

6.1.3 偏最小二乘回归

偏最小二乘回归集多元线性回归分析、典型性相关性分析以及主成分分析等算法优势于一体,是一种通过线性多元模型把两个数据矩阵 X 和 Y 相关联的算法,并对 X 和 Y 的结构进行建模(李长春 等,2017)。偏最小二乘回归能够有效应对具有许多噪声、特征间具有共线性以及不完整数据的情况。本书所使用变量较多,偏最小二乘回归是一种监督性学习,专门用于估算多变量问题,已被证明是一种常用的多变量数据分析方法,其在作物表型反演、化学、生物学等方面的应用已经十分广泛。

6.1.4 模型评价指标

在对数据进行回归建模时,随机选取数据的 3/4 作为训练集,剩余 1/4 作为验证集。为了评价模型估算效果,以验证集决定系数(R^2)、平均绝对误差(MAE)和相对均方根误差(rRMSE)作为估算模型的精度评价标准。R^2 的取值范围为 $[0,1]$,值越大表明模型的估算效果越好。MAE 和 rRMSE 的值越小表明模型的估算效果越好。同时使用了皮尔逊相关系数(r)作为单特征变量与冬小麦氮含量相关性的评价指标,皮尔逊相关系数越高表示两者之间相关性越高。表达式如下:

$$R^2 = 1 - \frac{\sum_{i=1}^{n} (\widehat{y_i} - y_i)^2}{\sum_{i=1}^{n} (y_i - \overline{y})^2} \tag{6-1}$$

$$r = \frac{\sum_{i=1}^{n} (x_i - \overline{x})(y_i - \overline{y})}{\sqrt{\sum_{i=1}^{n} (x_i - \overline{x})^2} \sqrt{\sum_{i=1}^{n} (y_i - \overline{y})^2}} \tag{6-2}$$

$$MAE = \frac{1}{n} \sum_{i=1}^{n} |y_i - \widehat{y_i}| \tag{6-3}$$

$$rRMSE = \frac{\sqrt{\sum_{i=1}^{n} \frac{(y_i - \widehat{y_i})^2}{n}}}{\overline{y}} \tag{6-4}$$

6.2　数据分析

　　不同灌溉处理导致不同处理下冬小麦植株含水率不同。由图 6-3 可知,在三个时期,随着灌溉量的减少,冬小麦植株含水率逐渐下降,并且在生长后期(灌浆期)下降幅度更为明显。冬小麦植株含水率随生长过程,植株含水率也逐渐减少。由表 6-1 可知,随着冬小麦的生长,各时期植株含水率的最大值、最小值和平均值均逐渐减小,植株含水率范围由 72.1%~84.1% 逐步减小至 57.4%~74.9%,平均值由 79.3% 逐步减小至 57.4%,标准差由 0.018 逐步增加至 0.068,变异系数由 0.022 逐步增加至 0.118。

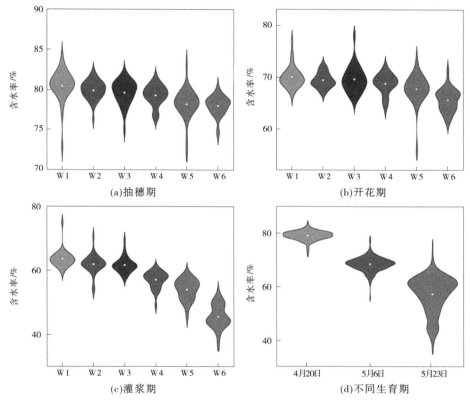

图 6-3　不同灌溉处理下及不同时期冬小麦植株含水率

表 6-1　不同时期冬小麦植株含水率描述性统计

日期	样本数量	最大值/%	最小值/%	平均值/%	标准差	变异系数
抽穗期	180	84.1	72.1	79.3	0.018	0.022
开花期	180	78	56	68.6	0.026	0.038
灌浆期	180	74.9	36.3	57.4	0.068	0.118

6.3　特征选取及相关性分析

选取 NDVI、OSAVI、SAVI、MSAVI、GNDVI、RVI、GCI、RECI、GRVI、NDRE、NDREI、SCCCI、EVI、EVI2、WDRVI 共 15 个植被指数以及 CH、CSC 和 TIR 作为估算冬小麦植株含水率的输入特征。

各输入特征与冬小麦植株含水率的相关性如图 6-4 所示。由图 6-4 可知,各输入特征与植株含水率之间的相关性随冬小麦的生长总体增加。抽穗期各输入特征与植株含水率的相关性最低,但大部分植被指数与植株含水率的相关系数在 0.6 左右,CH、CSC 和 TIR 与植株含水率的相关性较低;开花期各植被指数与植株含水率的相关系数均大于 0.6,RVI 和 GCI 最高,达到 0.66;灌浆期各输入特征与植株含水率的相关性达到最高,大部分植被指数与植株含水率的相关系数处于 0.9 左右,GRVI 和 NDREI 与植株含水率的相关性最高,相关系数达到 0.91,CSC 和 TIR 与植株含水率的相关性分别提升至 0.73 和 0.89;将 3 个生育期输入特征合并,与植株含水率的相关性进一步提升,大部分植被指数与植株含水率的相关系数高于 0.9,SAVI 和 EVI2 与植株含水率的相关系数最高,达到 0.96,NDREI 与植株含水率的相关系数最低,为 0.8,CH 和 CSC 与植株含水率的相关系数均提升至 0.7 以上,TIR 与植株含水率的相关系数达到 0.88。

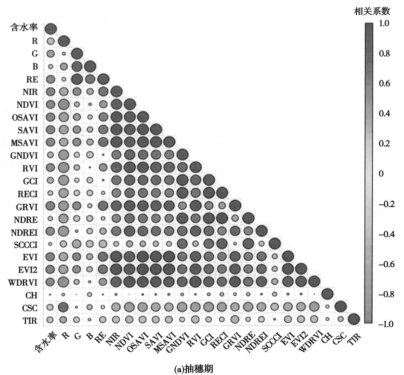

(a)抽穗期

图 6-4　各输入特征与冬小麦植株含水率的相关性

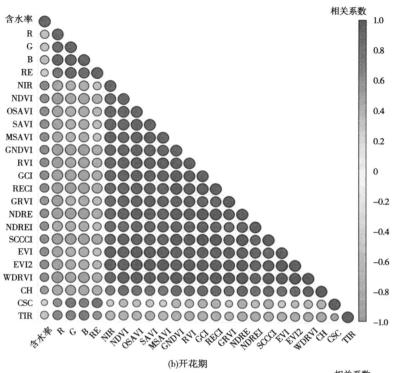

(b)开花期

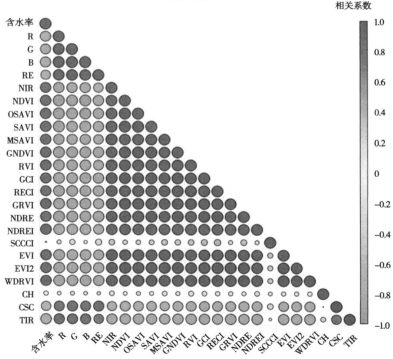

(c)灌浆期

续图 6-4

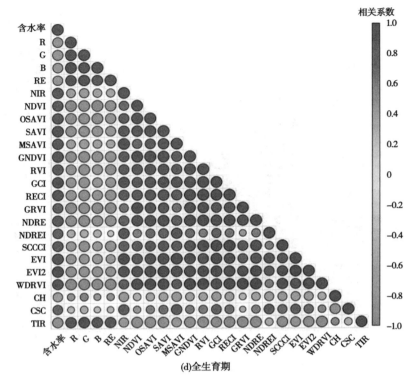

(d)全生育期

续图 6-4

6.4 结果与分析

6.4.1 基于单生育期的估算模型构建

在抽穗期、开花期和灌浆期，利用随机森林和偏最小二乘回归方法，分别基于多种类型数据，对小麦植株含水率进行估算。使用 R^2 和 MAE 指标评价模型精度。

在抽穗期，三种传感器数据以及三种传感器数据以不同组合方式融合后作为两种估算模型的输入特征，对植株含水率的估算精度，如图 6-5 所示。

由图 6-5 可知，两种模型的估算精度随着数据类型数量和特征数量的增加总体明显变优，R^2 与数据类型数量和特征数量成正比，MAE 与数据类型数量和特征数量成反比。对于单传感器，多光谱数据对植株含水率的估算精度最优，R^2 最高为 0.525，MAE 最低为 0.009 4。可见光数据对植株含水率的估算精度最低，两种模型的 R^2 均低于 0.2。多传感器融合后，相比可见光和热红外单传感器，可见光和热红外数据融合后，植株含水率估算精度均有所提升，随机森林和偏最小二乘回归模型的 R^2 分别提升至 0.311 和 0.314，MAE 分别降低到 0.010 4 和 0.011 1。多光谱与任意一种传感器融合后，估算精度均有提升。三种传感器融合后，模型精度有进一步提高。

由图 6-5 可知，两种估算模型相比，偏最小二乘回归模型对植株含水率估算效果较

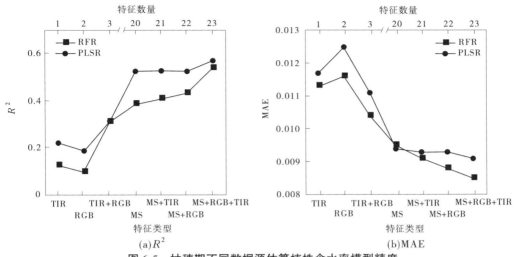

图 6-5　抽穗期不同数据源估算植株含水率模型精度

好,三种数据融合后估算精度最高,R^2 达到 0.571,MAE 为 0.009 1。相比单多光谱传感器,三种数据融合后,随机森林和偏最小二乘回归模型的 R^2 分别提升了 0.155 和 0.257,MAE 分别降低了 0.001 和 0.000 3,对抽穗期冬小麦植株含水率的估算精度提升较高。

　　在开花期,三种传感器数据以及三种传感器数据以不同组合方式融合后作为两种估算模型的输入特征,对植株含水率的估算精度,如图 6-6 所示。

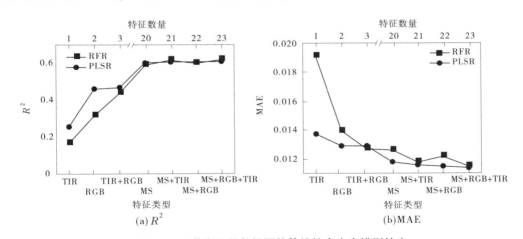

图 6-6　开花期不同数据源估算植株含水率模型精度

　　由图 6-6 可知,两种模型的估算精度随着数据类型数量和特征数量的增加总体变优。对于单传感器,多光谱数据估算植株含水率精度优于可见光和热红外数据,随机森林和偏最小二乘回归模型的 R^2 分别为 0.587 和 0.598,MAE 分别为 0.012 6 和 0.011 8;热红外的 R^2 最低,两种模型 R^2 分别为 0.164 和 0.253,MAE 分别为 0.019 1 和 0.013 7;可见光对植株含水率的估算效果优于热红外的估算效果,两种模型的 R^2 分别为 0.312 和 0.458,MAE 分别为 0.013 9 和 0.012 9。对于多传感器融合,可见光和热红外数据融合后,随机森林估算模型精度提升效果较为明显,相对可见光和热红外估算模型的 R^2 分别提升了 0.123 和 0.271,MAE 分别降低了 0.001 2 和 0.006 2;偏最小二乘回归模型精度略有提升,相对可见光和热红外估算模型的 R^2 分别提升了 0.006 和 0.211,MAE 分别降低了 0 和 0.008。与多光谱单传感器数据相比,多光谱与任一传感器融合后估算模型精度略有提升,其中与热红外数据融合后植株含水率估算模型精度较高,两种模型 R^2 分别提高 0.025 和 0.005,MAE 分别降低 0.000 8 和 0.000 2。三种传感器融合后,两种估算模型的精度达到最高,随机森林和偏最小二乘回归模型的 R^2 分别为 0.616 和 0.606,MAE 分别为 0.011 5 和 0.011 4。

由图 6-6 可知,两种模型相比,偏最小二乘回归模型精度较高,尤其基于单传感器估算时。但在多传感器融合后,偏最小二乘回归表现出的优势并不明显,随机森林模型的精度略高于偏最小二乘回归模型。多源数据融合后,随机森林模型精度提升效果较好,相对于可见光、热红外和多光谱数据构建的植株含水率模型,R^2 分别提高了 0.304、0.452、0.029,MAE 分别降低了 0.002 4、0.007 6、0.001 1。

在灌浆期,三种传感器数据以及三种传感器数据以不同组合方式融合后作为两种估算模型的输入特征,对植株含水率的估算精度,如图 6-7 所示。

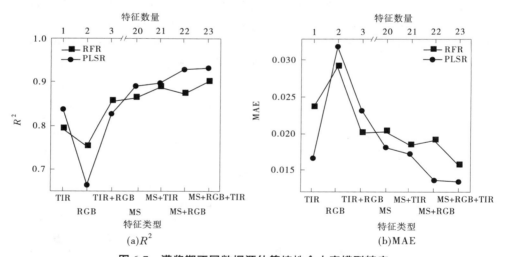

图 6-7　灌浆期不同数据源估算植株含水率模型精度

由图 6-7 可知,与前两个生育期一致,三种模型的估算精度随着数据类型数量和特征数量的增加总体明显变优。对于单传感器,多光谱数据估算植株含水率的精度优于可见光和热红外数据,随机森林和偏最小二乘回归模型的 R^2 分别为 0.865 和 0.891,呈显著相关,MAE 分别为 0.020 3 和 0.018 1;可见光的 R^2 最低,两种模型 R^2 分别为 0.753 和 0.665,MAE 分别为 0.029 1 和 0.031 9;在该生育期,热红外对植株含水率的估算效果优于可见光的估算效果,相比可见光数据估算模型,两种热红外数据估算模型的 R^2 分别提高 0.04 和 0.175,MAE 分别减少 0.005 5 和 0.016 3。对于多传感器融合,可见光和热红外数据融合后,随机森林估算模型精度提升效果较为明显,相对可见光和热红外估算模型

的 R^2 分别提高了 0.104 和 0.064,MAE 分别降低了 0.009 和 0.003 5。相比多光谱单传感器,多光谱与任一传感器融合后,估算模型精度均有提升,R^2 最高提高到 0.929,MAE 为 0.013 6。三种传感器融合后,两种模型的估算精度达到最高,R^2 分别为 0.901 和 0.932,呈显著相关,MAE 分别为 0.015 7 和 0.013 4。其中,偏最小二乘回归模型精度最高,数据融合后相对可见光、热红外和多光谱数据构建的植株含水率估算模型,R^2 分别提高了 0.268、0.093、0.041,MAE 分别降低了 0.018 5、0.002 2、0.004 7。

由图 6-7 可知,两种模型相比,偏最小二乘回归模型对植株含水率的估算效果较好,尤其在输入多特征时。与抽穗期和开花期不同,在灌浆期,热红外数据对植株含水率的估算精度高于可见光数据,尤其是偏最小二乘回归模型表现最为明显。

图 6-8 为在不同生育期内,不同数据源作为输入特征时,两种估算模型的 R^2 分布范围。两种估算模型对冬小麦植株含水率的估算精度随着冬小麦生长逐渐提高,生育期越接近成熟期,估算效果越好。在抽穗期和开花期,R^2 小于 0.6,在灌浆期,R^2 大于 0.8,呈显著相关。

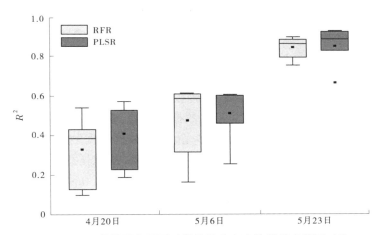

图 6-8　两种模型在不同时期植株含水率估算精度范围对比

6.4.2　基于全生育期的估算模型构建

将抽穗期、开花期和灌浆期三个生育期数据合并,利用随机森林和偏最小二乘回归对冬小麦植株含水率进行估算。图 6-9 为三种传感器数据以及三种传感器数据以不同组合方式融合后作为三种估算模型的输入特征,对氮含量的估算精度。

由图 6-9 可知,两种模型的估算精度随着数据类型数量和特征数量的增加总体明显变优,R^2 与数据类型数量和特征数量成正比,MAE 与数据类型数量和特征数量成反比。相对于单生育期,三个时期合并后,估算精度提升明显,R^2 最高达到 0.973,呈显著相关。对于单传感器,与单时期一样,对于可见光和热红外数据,多光谱数据相表现出更高的精度,随机森林和偏最小二乘回归模型 R^2 分别达到 0.97 和 0.944,MAE 分别为 0.013 6 和 0.017 5;可见光数据构建的估算模型的 R^2 分别达到 0.825 和 0.694,MAE 分别为 0.032 4 和 0.035 5;热红外数据构建的估算模型的 R^2 分别达到 0.808 和 0.813,MAE 分别为

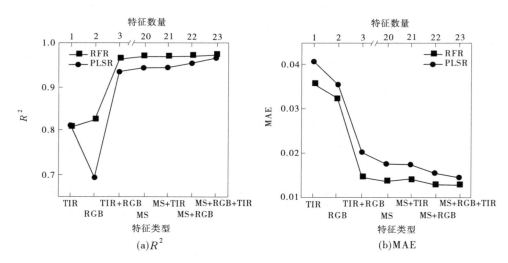

图 6-9　全生育期不同数据源估算植株含水率模型精度

0.035 6 和 0.040 7。合并三个时期数据后,相比单时期对应传感器,多光谱、可见光和热红外数据构建的估算模型的 R^2 分别提升了 0.105、0.072 和 0.001 5,其中,多光谱数据估算精度提升最为明显。对于多传感器融合,任意两种传感器融合后,估算模型精度均有一定的提升。可见光和热红外数据融合后,两种模型的 R^2 分别达到 0.964 和 0.935,MAE 分别为 0.014 5 和 0.020 2;多光谱与可见光数据融合后,两种模型的 R^2 分别达到 0.971 和 0.955,MAE 分别为 0.012 9 和 0.015 5;多光谱和热红外数据融合后,两种模型的 R^2 分别达到 0.969 和 0.945,MAE 分别为 0.014 2 和 0.017 4。相比任意两种传感器融合,三种传感器融合后,估算精度更高,两种估算模型的 R^2 分别提升至 0.973 和 0.967,MAE 分别降低至 0.012 8 和 0.014 5。其中,随机森林估算模型精度较高,三种传感器数据融合后,相比分别使用可见光、热红外和多光谱数据构建的植株含水率估算模型,R^2 分别提高了 0.148、0.165、0.003,MAE 分别降低了 0.019 3、0.022 5、0.000 5。

如图 6-10 所示,为使用全数据类型融合后构建的随机森林估算模型估算三个时期的植株含水率预测值和植株含水率实测值散点图。由图 6-10 可知,在灌浆期,冬小麦植株含水率的估算效果最好,拟合 R^2 达到 0.961。在抽穗期,当植株含水率实测值达到 0.81 以上时;在开花期,植株含水率实测值达到 0.72 以上时;在灌浆期,植株含水率实测值达到 0.65 以上时,随着实测值的增加估算值增加变慢,估算值均小于实测值,出现光饱和现象,这主要由于此时无人机光谱图像的反射率随着植株含水率的增加变化不再明显。

三个生育期每个小区植株含水率预测值和实测值分布图,结果如图 6-11 所示。在每个生育期,冬小麦植株含水率的预测值分布与实测值的分布高度相似。随着冬小麦的生长,每个灌溉处理内不同小区间的植株含水率差异逐渐减小。

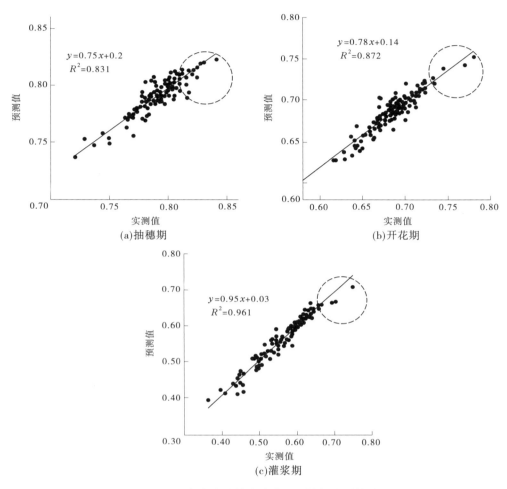

图 6-10　冬小麦植株含水率预测值与实测值关系

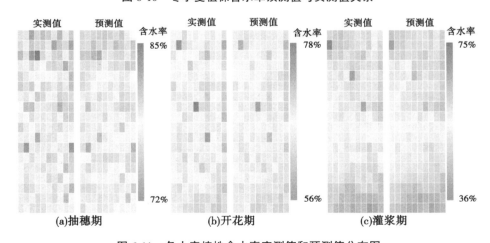

图 6-11　冬小麦植株含水率实测值和预测值分布图

6.5　本章小结

本章主要结论如下：

（1）基于单传感器估算植株含水率时，多光谱在估算冬小麦植株含水率方面表现出了较高的精度，在多时期融合后 R^2 最高可达到 0.97。

（2）无论采用哪种机器学习算法，多源数据融合对冬小麦植株含水率的估算效果相对单传感器均具有一定的提升。

（3）无论使用多传感器还是只使用单传感器，随机森林算法相比偏最小二乘回归表现出更好的效果。

（4）多个时期合并后能够有效提高无人机数据对冬小麦植株含水率的估算效果，R^2 最高达到 0.973。

第 7 章 融合多源无人机数据
估算作物氮含量

7.1 数据分析

    三个生育期不同灌溉处理下冬小麦氮含量以及每个生育期氮含量如图 7-1 所示。随着灌溉量的减少,三个时期氮含量均逐渐缓慢下降。抽穗期,灌溉处理为 W1 时,氮含量最高。由于 W1 为充分灌溉处理,W2 为适量灌溉处理,因此在开花期和灌浆期,氮含量在W2 处理时达到最高。随着冬小麦的生长,冬小麦逐渐成熟,干物质量逐渐增加,氮含量逐渐下降。由表 7-1 可知,随着冬小麦的生长,氮含量的标准差以及变异系数均逐步降低。试验所用冬小麦品种较多,不同品种干重以及氮含量不同,氮含量数据分布分散,尤其抽穗期时更为明显。

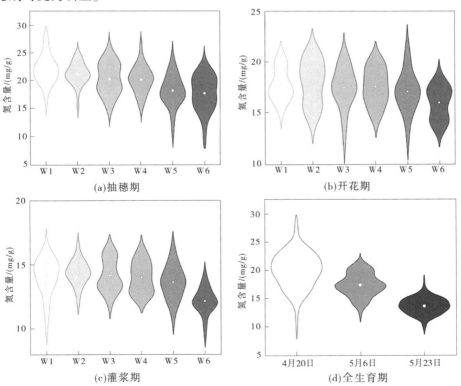

图 7-1　不同灌溉处理及不同时期冬小麦氮含量

表 7-1　不同时期冬小麦氮含量数据描述性统计

日期	样本数量	最小值	最大值	平均值	标准差	变异系数
抽穗期	180	9.556	28.867	20.166	3.187	0.158
开花期	180	12.154	21.921	17.56	2.067	0.117
灌浆期	180	9.548	18.545	13.788	1.452	0.105

7.2　结果与分析

7.2.1　相关性分析

将多种特征与冬小麦氮含量进行相关性分析,结果如图 7-2 所示。

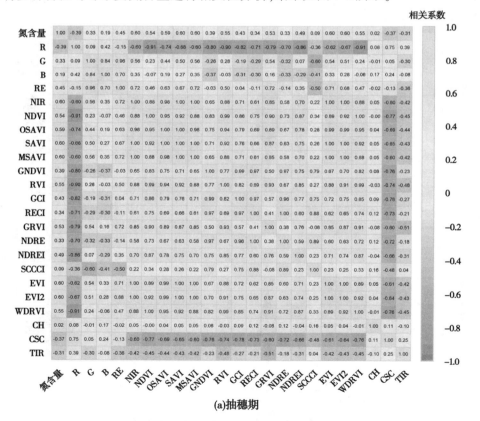

(a)抽穗期

图 7-2　无人机数据特征与冬小麦氮含量相关性

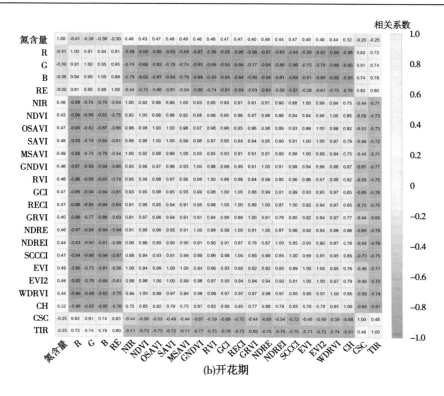

(b)开花期

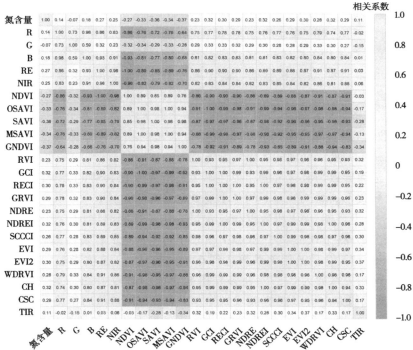

(c)灌浆期

续图 7-2

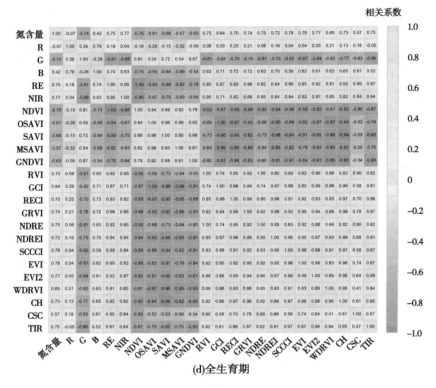

(d)全生育期

续图 7-2

由图 7-2 可以看出,对于单生育期,在抽穗期,无人机多光谱、可见光和热红外数据特征与冬小麦氮含量总体相关性较高,多光谱数据与氮含量的相关系数大部分达到 0.5 以上,最高达到 0.6;灌浆期,无人机数据与氮含量相关性较低,相关系数均低于 0.4。三个单生育期的氮含量与可见光数据所提取的两种结构特征以及热红外数据的相关性均较低。可见光数据提取的结构特征与氮含量的相关系数大多为 0.2~0.4;热红外数据与氮含量的相关系数为 0.11~0.31。无人机数据与氮含量的相关性总体较低,可能是由于本试验是灌溉试验,不同灌溉处理的冬小麦施氮肥量一致,不同处理间冬小麦的长势主要受灌溉量的影响,进而导致与氮含量的相关性不大。但冬小麦长势的差异会影响对氮素吸收的效率,进而导致不同灌溉处理下的冬小麦氮含量有所差异。

同时考虑三个生育期,无人机数据与氮含量的相关性明显增加。多光谱数据与氮含量的相关系数大部分高于 0.7,其中 SCCCI 和 EVI 与氮含量的相关性最高,相关系数达到 0.78,NIR 和 EVI2 与氮含量的相关系数达到 0.77。在 15 个植被指数中,MSAVI 与氮含量的相关性最低,相关系数为 0.57。在多光谱 5 个原始波段中,R 波段与氮含量相关系数低于 0.1,在后续研究中可以把 R 波段剔除。B 波段与氮含量的相关系数为 0.42,其余三个波段与氮含量的相关系数均大于 0.7。因此,多光谱数据和植被指数与氮含量总体呈显著相关;与单生育期相比,多生育期通过可见光数据获取的株高和 CSC 与氮含量的相关性明显升高。株高与氮含量的相关系数达到 0.73;CSC 与氮含量的相关系数达到 0.57;热红外与氮含量的相关性相比单生育期提升效果最为明显,相关系数达到 0.75。

7.2.2　基于单生育期氮含量估算

在抽穗期、开花期和灌浆期,利用随机森林、支持向量回归和偏最小二乘回归方法,基于多种类型数据,构建冬小麦氮含量估算模型。

在抽穗期,三种传感器数据以及三种传感器数据以不同组合方式融合后作为三种估算模型的输入特征,对氮含量的估算精度如图 7-3 所示。

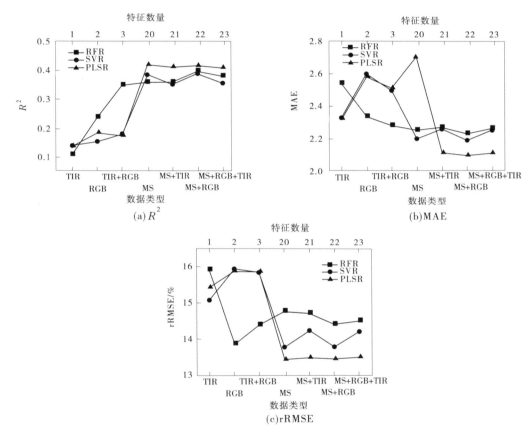

图 7-3　抽穗期不同数据源估算氮含量模型精度

由图 7-3 可知,三种模型的估算精度随着数据类型数量和特征数量的增加总体变优,R^2 与数据类型数量和特征数量成正比,MAE 和 rRMSE 与数据类型数量和特征数量成反比。对于单传感器,总体来说,多光谱估算氮含量的精度优于可见光和热红外,R^2 最高为 0.415,MAE 最低为 2.196,rRMSE 最低为 13.414%。热红外估算氮含量模型的 R^2 最低,三种模型均低于 0.2。可见光和热红外数据融合后,氮含量估算模型精度提高,R^2 为 0.345,MAE 为 2.277,rRMSE 为 14.396%,与可见光和热红外单传感器相比,R^2 分别提高了 0.12 和 0.249,MAE 分别降低了 0.055 和 0.259,rRMSE 分别降低了 −0.534% 和 1.522%,结果表示热红外数据虽然估算氮含量精度不高,但是具有一定使用价值,并且能够与可见光数据融合进而提高模型精度。多光谱数据分别与可见光和热红外数据融合后,氮含量估算模型精度均略有提升。将三种传感器数据融合后,氮含量估算模型的精度优于任一单一传感器数据。

由图 7-3 可知,与随机森林和支持向量回归相比,偏最小二乘回归对氮含量估算效果较好,尤其在特征数量较多时。偏最小二乘回归模型 R^2 最高为 0.413,MAE 最低为 2.092,rRMSE 最低为 13.431%;随机森林模型 R^2 最高为 0.394,MAE 最低为 2.259,rRMSE 最低为 14.408%;支持向量回归模型 R^2 最高为 0.386,MAE 最低为 2.186,rRMSE 最低为 13.786%。

在开花期,三种传感器数据以及三种传感器数据以不同组合方式融合后作为三种估算模型的输入特征,对氮含量的估算精度,如图 7-4 所示。

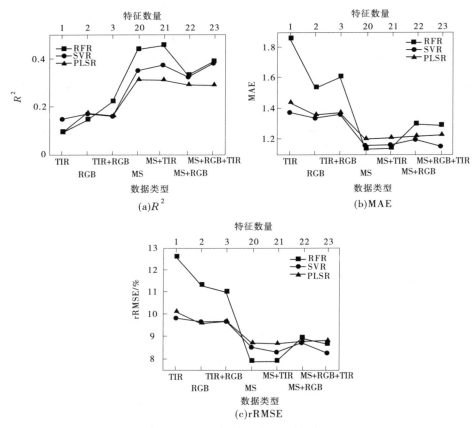

图 7-4　开花期不同数据源估算氮含量模型精度

由图 7-4 可知,三种模型的估算精度随着数据类型数量和特征数量的增加总体变优,R^2 与数据类型数量和特征数量成正比,MAE 和 rRMSE 与数据类型数量和特征数量成反比。对于单传感器,总体来说,多光谱数据估算氮含量的精度优于可见光和热红外数据,R^2 最高为 0.457,MAE 最低为 1.145,rRMSE 最低为 7.914%。热红外估算氮含量的 R^2 最低,三种模型均低于 0.2。对于多传感器融合,相比可见光单传感器,可见光和热红外数据融合,估算精度几乎没有提升。相比多光谱单传感器,热红外与多光谱数据融合,估算模型精度有所提升,精度达到最高,R^2、MAE 和 rRMSE 分别为 0.457、1.145 和 7.914%。

相比多光谱单传感器,可见光与多光谱数据融合,估算模型精度有略微下降。将三种传感器数据融合后,氮含量支持向量回归估算模型精度有提高效果,精度达到最高,R^2、MAE 和 rRMSE 分别为 0.381、1.159 和 8.296%。

由图 7-4 可知,相比支持向量回归和偏最小二乘回归,随机森林对氮含量估算效果较好,尤其在特征数量较多时。随机森林模型 R^2 最高为 0.457,MAE 最低为 1.145,rRMSE 最低为 7.914%;支持向量回归模型 R^2 最高为 0.381,MAE 最低为 1.159,rRMSE 最低为 8.296%;偏最小二乘回归模型 R^2 最高为 0.311,MAE 最低为 1.212,rRMSE 最低为 8.697%。

与抽穗期氮含量的估算效果相比,开花期估算模型的 MAE 和 rRMSE 均较低。抽穗期估算模型的 MAE 为 2.092~2.595;开花期估算模型的 MAE 为 1.145~1.861。抽穗期估算模型的 rRMSE 为 13.431%~15.947%;开花期估算模型的 rRMSE 为 7.902%~12.606%。

在灌浆期,三种传感器数据以及三种传感器数据以不同组合方式融合后作为三种估算模型的输入特征,对氮含量的估算精度,如图 7-5 所示。

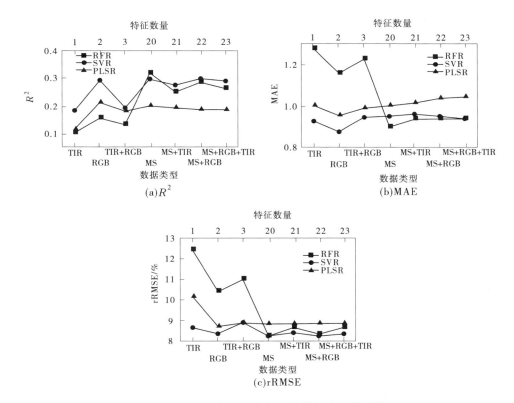

图 7-5 灌浆期不同数据源估算氮含量模型精度

由图 7-5 可知,与前两个生育期一致,三种模型的估算精度随着数据类型数量和特征数量的增加总体变优。对于单传感器,与另外两种传感器相比,热红外数据的氮含量估算模型的精度较低,可见光和多光谱数据对氮含量的估算效果总体相差不大,R^2 最高为 0.318,MAE 最低为 0.897,rRMSE 最低为 8.235%。对于多传感器融合,将热红外数据融合到另外两种传感器数据中,均造成了估算精度略微降低,可能是由于该生育期的冬小麦已经接近成熟,植株含水率较低,植株光合作用降低,导致冠层温度与植株生长状况的相关度变小。将可见光和热红外数据融合至多光谱数据中,氮含量估算模型的精度变化不大。

由图 7-5 可知,在灌浆期,相比随机森林和偏最小二乘回归,支持向量机对氮含量的估算效果较好,但只有多光谱数据时,随机森林表现出了较优的精度,R^2 为 0.318,MAE 为 0.897,rRMSE 为 8.235%。

7.2.3　基于多生育期的氮含量估算

将抽穗期、开花期和灌浆期三个生育期数据进行合并,利用随机森林、支持向量回归和偏最小二乘回归,对冬小麦氮含量进行估算,三种传感器数据以及三种传感器数据以不同组合方式融合后作为三种估算模型的输入特征,对氮含量的估算精度,如图 7-6 所示。

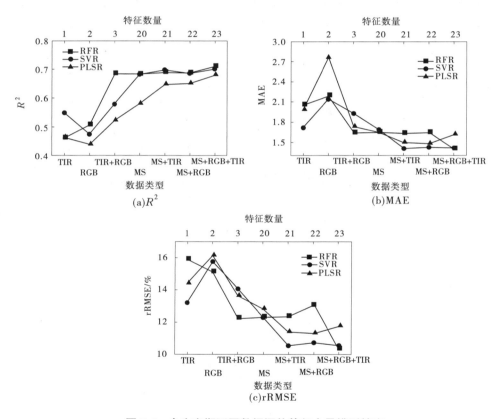

图 7-6　全生育期不同数据源估算氮含量模型精度

由图 7-6 可知,三种模型的估算精度随着数据类型数量和特征数量的增加总体明显变优,R^2 与数据类型数量和特征数量成正比,MAE 和 rRMSE 与数据类型数量和特征数量成反比。相对于单生育期估算模型的精度,三个生育期数据合并后,估算精度有较大的提升,R^2 最高达到 0.711,呈显著相关。对于单传感器,相比于可见光和热红外数据,多光谱表现出最高的估算精度,R^2 最高达到 0.684,MAE 最低为 1.648,rRMSE 最低为 12.286%;可见光和热红外数据的估算精度接近,可见光数据估算模型的 R^2 最高达到 0.507,MAE

最低为 2.19,rRMSE 最低为 15.115%;热红外数据估算模型的 R^2 最高达到 0.549,MAE 最低为 1.717,rRMSE 最低为 13.199%。三个生育期数据合并后,多光谱、可见光和热红外数据构建的估算模型的 R^2 相比单生育期对应传感器数据构建的估算模型的最高 R^2 分别提高了 0.254、0.215 和 0.365,其中热红外数据估算精度提升最为明显。对于多传感器融合,任意两种传感器融合后,估算模型精度均有一定的提升。可见光和热红外数据融合后,R^2 最高达到 0.685,MAE 最低为 1.407,rRMSE 最低为 12.245%;多光谱与可见光数据融合后,R^2 最高达到 0.688,MAE 最低为 1.429,rRMSE 最低为 10.757%;多光谱和热红外数据融合后,R^2 最高达到 0.699,MAE 最低为 1.407,rRMSE 最低为 10.566%。三种传感器融合后,相比任意两种传感器融合,估算精度均有提高,R^2 提升至 0.681~0.711,MAE 降低至 1.406~1.622,rRMSE 降低至 10.359%~11.785%。相比可见光、热红外和多光谱数据构建的氮含量估算模型,R^2 分别提高了 0.204、0.25、0.027,MAE 分别降低了 0.784、0.651、0.243,rRMSE 分别降低了 4.756%、5.535%、1.96%。

　　由图 7-6 可知,随机森林模型表现出最好的估算精度。在特征类型只有热红外并且特征数量只有一个时,随机森林模型的估算精度不如支持向量回归和偏最小二乘回归,这是由于随机森林在处理单输入特征时没有优势,与其他文献结论一致(牛庆林 等,2021)。

　　将全部类型数据融合后,构建的随机森林估算模型对三个生育期的氮含量预测值与实测值散点见图 7-7。由图 7-7 可知,抽穗期和开花期氮含量的估算效果较好,其中抽穗期估算效果最好,灌浆期估算效果较差。在抽穗期,当氮含量实测值达到 23 mg/g 以上时,以及在开花期,氮含量实测值达到 19 mg/g 以上时,随着实测值的增加预测值增加变慢,预测值均小于实测值,出现光饱和现象,这主要是由于此时无人机光谱图像的反射率随着氮含量的增加变化不再明显。相对其他两个生育期,在抽穗期,受光饱和的影响较小。

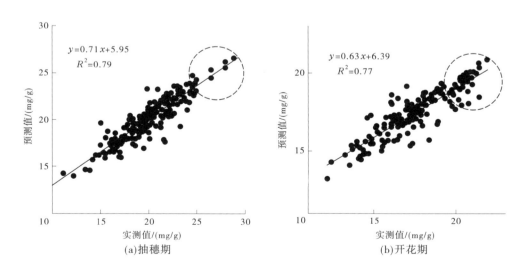

图 7-7　各生育期使用随机森林最佳估算模型的氮含量预测值与实测值关系

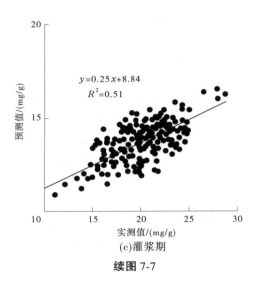

(c)灌浆期

续图 7-7

7.3　讨　论

对于单生育期或三个生育期合并后,多光谱、可见光和热红外三种传感器数据用于估算冬小麦氮含量都有一定效果,但是它们对氮含量的敏感程度不同。多光谱数据均表现出较高的估算精度,是由于多光谱数据输入的特征较多,使用了 5 个原始波段和 15 个植被指数,包含的 5 个波段能够提供有关作物生长状况的信息较多。R 波段和 G 波段能够在一定程度反映作物冠层的生长情况,RED EDGE 和 NIR 对作物结构和叶绿素水平比较敏感。而可见光和热红外数据包含的波段相对较少,尤其热红外数据只提供了冠层的热辐射信息,能够提取的信息有限,对氮含量的估算效果不如多光谱和可见光。但经过前人和本书的研究,冠层的热信息和氮含量存在着一定的关联,并且把热红外与其他传感器融合一定程度上能够提升模型精度,因而热红外在估算氮含量方面具有一定价值(兰铭 等,2021)。

多光谱、可见光和热红外三种传感器融合后能够提升氮含量的估算效果,这与前人的研究结果一致(王来刚,2012),原因之一是不同传感器所提取的不同类型特征之间存在着互补关系。多光谱所提供的光谱信息和植被指数是用来监测作物长势和性状的有效指标(袁艺溶 等,2022);冠层结构信息是估算作物表型的有效变量;本书中使用的株高已有文献证实是估算冬小麦多种性状的有效指标(陶惠林 等,2020);作物冠层温度与作物光合作用有关,作物生长状况与叶绿素含量决定着光合作用强弱,氮含量对这两者有着决定性作用,影响作物冠层温度。

当氮含量实测值达到 23 mg/g 以上时,无人机光谱图像的反射率随着氮含量的增加变化不再明显,随着实测值的增加氮含量预测值增加变慢,以达到光饱和。在抽穗期,相对另外两个时期,受光饱和影响较小,这说明冬小麦生长后期受光饱和影响较大。

7.4　本章小结

基于机器学习算法,本章研究了不同时期以及多个时期合并后多源数据融合对冬小麦氮含量的估算效果。主要结论如下:

(1)基于单传感器的氮含量估算时,多光谱数据在估算冬小麦氮含量方面优于可见光和热红外。虽然热红外的估算效果较差,但也显示出在冬小麦氮含量估算方面的潜力。

(2)无论采用哪种机器学习算法,多源数据融合对冬小麦氮含量的估算效果相对单传感器具有一定的提升效果。

(3)无论使用多传感器还是单传感器,随机森林算法相比支持向量机和偏最小二乘回归均表现出更好的精度。

(4)多个时期数据合并后能够有效提高无人机光谱数据对冬小麦氮含量的估算效果。

第8章　基于无人机多光谱估算作物产量

8.1　材料与方法

8.1.1　植被指数选择

使用 2021 年无人机多光谱数据,选取植被提取颜色指数(color index of vegetation extraction,CIVE)、差异植被指数(difference vegetation index,DVI)、过绿指数(excess green,ExG)、过绿减过红指数(excess green-excess red,ExG-ExR)、过红指数(excess red,ExR)、修改型土壤调查植被指数(modified soil-adjusted vegetation index 2,MSAVI2)、归一化差异植被指数(normalized difference index,NDI)、归一化植被指数(normalized difference vegetation index,NDVI)、重归一化植被指数(re-normalized vegetation index,RDVI)、比值植被指数(ratio vegetation index,RVI)、土壤调节植被指数(soil-adjusted vegetation index,SAVI)、归一化差分植被指数(TNDVI)共 12 个植被指数估算 2021 年冬小麦产量。

8.1.2　分析方法

通过逐步回归(Wang et al.,2021a)算法构建的模型筛选特征间影响较小的特征向量组合,再利用随机森林算法构建产量估算模型。逐步回归是一种对线性回归模型自变量选择方法,其基本思想是逐个将特征变量引入回归模型中,在每引入 1 个特征变量时对模型进行 1 次检验,若引入的特征变量使模型内其他特征变量的解释显著性降低,则剔除该特征变量,重复此过程,直至不再有对模型贡献大的特征变量引入模型,也没有对模型贡献小的特征变量从模型中剔除,此时模型为最优模型。利用赤池信息准则(akaike information criterion,AIC)选择模型特征,AIC 值越小,表示模型内各个特征变量的解释性越好,每个特征变量之间对彼此重要性的影响程度越小。AIC 值最小的模型即为最优模型。

8.2　结果与分析

8.2.1　植被指数和产量相关性分析

使用 3 个生育期的 12 个植被指数与产量进行相关性分析。使用 R、G、B、NIR、RE 和 12 个光谱指数分别建立 3 个生育期产量的随机森林回归模型,详见表 8-1。

表 8-1　不同生育期植被指数与产量相关性分析

植被指数	抽穗期	开花期	灌浆期
CIVE	0.52	0.65	0.52
DVI	0.54	0.57	0.58
ExG	0.57	0.67	0.54
ExG-ExR	0.05	0.32	0.22
ExR	0.4	0.3	0.32
MSAVI2	0.52	0.57	0.59
NDI	0.45	0.37	0.32
NDVI	0.52	0.53	0.56
RDVI	0.54	0.57	0.58
RVI	0.51	0.52	0.55
SAVI	0.54	0.57	0.58
TNDVI	0.52	0.53	0.55

由表 8-1 可看出,3 个生育期中,灌浆期的大部分植被指数与产量的相关性最高,抽穗期的大部分植被指数与产量的相关性最低。ExG-ExR、ExR、NDI 与产量的相关性较低,相关系数范围为 0.05~0.45。在抽穗期,ExG-ExR 与产量无显著相关,在后文中可以考虑在本生育期剔除该植被指数。在 3 个生育期中,其余 9 个植被指数与产量的相关性均大于 0.5。在抽穗期和开花期,ExG 与产量的相关性均最高,相关系数的绝对值分别为 0.57 和 0.67;在灌浆期,MSAVI2 与产量的相关性最高,相关系数的绝对值为 0.59,此外 DVI、RDVI、SAVI 与产量的相关系数均达到 0.58。由此可见,本书选用的 12 个植被指数与产量均具有较强的相关性,可以用来估算冬小麦产量。

8.2.2　基于逐步回归分析方法估算产量

将 R、G、B、NIR、RE 和各植被指数作为输入变量,以产量为输出变量建立产量逐步回归模型,分别计算训练集和测试集的 R^2、RMSE 和 nRMSE,结果见表 8-2。由表 8-2 可知,在 3 个生育期测试集,R^2 范围分别为 0.351~0.412、0.436~0.538、0.439~0.486,RMSE 值范围分别为 0.569~0.584 t/hm²、0.488~0.588 t/hm²、0.593~0.624 t/hm²,nRMSE 值范围分别为 16.324%~17.305%、14.396%~17.145%、17.365%~17.993%。综上所述,在开花期,输入 G、B、ExG、RVI、ExR 等 5 个变量时,模型精度最佳,R^2 为 0.526,RMSE 值为 0.488 t/hm²,nRMSE 值为 14.396%,AIC 值为 288.152。

表 8-2 不同冬小麦生育期逐步回归线性估算模型

生育期	特征组合	AIC	训练集			测试集		
			R^2	RMSE/(t/hm²)	nRMSE/%	R^2	RMSE/(t/hm²)	nRMSE/%
抽穗期	全部特征	323.129	0.475	0.558	15.490	0.351	0.570	16.324
	RE、NIR、NDI	312.776	0.457	0.533	15.598	0.407	0.580	17.205
	ExG-ExR、ExR、NDI、NDVI、RVI、TNDVI	312.039	0.478	0.531	15.413	0.412	0.569	16.858
	G、B、MSAVI2、SAVI	315.303	0.464	0.543	15.838	0.385	0.576	17.082
	ExG、DVI	315.641	0.450	0.548	16.024	0.375	0.584	17.305
	RE、NIR、NDI、B、ExG	314.189	0.466	0.533	15.484	0.408	0.575	17.060
开花期	全部特征	298.359	0.549	0.488	14.288	0.538	0.573	16.459
	ExG、NIR	299.338	0.487	0.548	15.934	0.465	0.553	16.002
	R、B、ExG、ExG-ExR、NDI、RDVI	287.548	0.539	0.500	14.538	0.533	0.562	16.348
	G、B、ExG、RVI、ExR	288.152	0.535	0.536	15.669	0.526	0.488	14.396
	R、G、NIR	296.430	0.474	0.562	16.523	0.436	0.552	16.242
	ExG、NIR、NDI、B、MSAVI2	293.319	0.528	0.506	14.704	0.488	0.588	17.145
灌浆期	全部特征	306.180	0.526	0.500	14.650	0.486	0.604	17.365
	G、NIR、NDI、B	301.397	0.491	0.525	15.268	0.479	0.593	17.513
	G、B、ExG、ExR、NDVI、RVI、TNDVI	295.005	0.534	0.503	14.656	0.477	0.595	17.544
	B、NIR、NDI	299.478	0.491	0.525	15.268	0.479	0.593	17.513
	RDVI、NDI、B	299.627	0.501	0.520	15.121	0.454	0.607	17.993
	G、NIR、NDI、B、SAVI	301.994	0.495	0.519	15.053	0.439	0.624	17.780

8.2.3　基于逐步回归筛选变量后的随机森林回归模型精度

利用逐步回归方法,筛选出每个生育期 AIC 值最小的 5 个估算模型,基于筛选出的特征变量构建对应的随机森林回归模型,并计算各个估算模型的 R^2、RMSE 和 nRMSE,如表 8-3 所示。

表 8-3　冬小麦不同生育时期筛选变量后的随机森林回归模型

生育期	特征组合	AIC	训练集			测试集		
			R^2	RMSE/(t/hm²)	nRMSE/%	R^2	RMSE/(t/hm²)	nRMSE/%
抽穗期	全部特征	323.129	0.886	0.253	7.377	0.669	0.481	13.743
	RE、NIR、NDI	312.776	0.892	0.255	7.586	0.587	0.462	13.239
	ExG-ExR、ExR、NDI、NDVI、RVI、TNDVI	312.039	0.888	0.250	7.280	0.592	0.552	15.820
	G、B、MSAVI2、SAVI	315.303	0.891	0.247	7.186	0.645	0.496	14.263
	ExG、DVI	315.641	0.863	0.288	8.536	0.501	0.508	14.625
	RE、NIR、NDI、B、ExG	314.189	0.892	0.255	7.604	0.612	0.457	13.053
开花期	全部特征	298.359	0.899	0.238	6.916	0.638	0.520	14.584
	ExG、NIR	299.338	0.901	0.235	6.834	0.685	0.453	12.877
	R、B、ExG、ExG-ExR、NDI、RDVI	287.548	0.905	0.230	6.711	0.663	0.490	13.865
	G、B、ExG、RVI、ExR	288.152	0.883	0.256	7.429	0.668	0.491	13.838
	R、G、NIR	296.430	0.893	0.244	7.087	0.659	0.491	13.794
	ExG、NIR、NDI、B、MSAVI2	293.319	0.903	0.232	6.770	0.708	0.471	13.288
灌浆期	全部特征	306.180	0.886	0.252	7.315	0.755	0.425	12.093
	G、NIR、NDI、B	301.397	0.874	0.265	7.755	0.690	0.461	13.038
	G、B、ExG、ExR、NDVI、RVI、TNDVI	295.005	0.872	0.267	7.762	0.734	0.439	12.441
	B、NIR、NDI	299.478	0.882	0.257	7.490	0.642	0.507	14.450
	RDVI、NDI、B	299.627	0.885	0.254	7.381	0.629	0.522	14.656
	G、NIR、NDI、B、SAVI	301.994	0.886	0.252	7.342	0.665	0.484	13.552

　　由表 8-3 可知,在 3 个生育期测试集,R^2 范围分别在 0.501~0.669、0.638~0.708、0.629~0.755,RMSE 值范围分别在 0.457~0.552 t/hm^2、0.453~0.520 t/hm^2、0.425~0.522 t/hm^2,nRMSE 值范围分别在 13.053%~15.820%、12.877%~14.584%、12.093%~14.656%。其中,在灌浆期,估算模型的综合评定精度最好,精度最高的 2 个估算模型分别包含全部特征变量和 G、B、ExG、ExR、NDVI、RVI、TNDVI 等 7 个输入特征变量,模型的 R^2 分别为 0.755 和 0.734,RMSE、nRMSE 分别为 0.425 t/hm^2、12.093% 和 0.439 t/hm^2、12.441%,AIC 值分别为 306.180 和 295.005。在开花期,精度最高的 2 个估算模型分别包含 ExG、NIR、NDI、B、MSAVI2 等 5 个特征变量和 ExG、NIR 等 2 个特征变量,模型的 R^2 分别为 0.708 和 0.685,RMSE 和 nRMSE 分别为 0.471 t/hm^2、13.288% 和 0.453 t/hm^2、12.877%,AIC 值分别为 293.319 和 299.338。在抽穗期,精度最好的 2 个估算模型分别包含 G、B、MSAVI2、SAVI 等 4 个特征变量和全部特征变量,模型的 R^2 分别为 0.645 和 0.669,RMSE、nRMSE 分别为 0.496 t/hm^2、14.263% 和 0.481 t/hm^2、13.743%,AIC 值分别为 315.303、323.129。

　　同时,使用 3 个生育期的 51 个特征变量筛选出 AIC 值较小的模型,并构建随机森林回归模型,计算估算模型的 R^2、RMSE 和 nRMSE,如表 8-4 所示。在表 8-4 中,使用_1、_2 和_3 后缀以区分不同时期的植被指数,分别对应抽穗期、开花期和灌浆期。

表 8-4　冬小麦 3 个生育时期筛选变量后的随机森林回归模型

植被指数	AIC	R^2	RMSE/(t/hm^2)	nRMSE/%
全部特征	296.671	0.713	0.445	12.537
B_1、CIVE_2、NIR_3、NDI_3	285.437	0.756	0.425	12.139
B_1、ExG_1、NIR_3、NDI_3、ExG-ExR_3	285.081	0.76	0.402	11.488
R_1、ExG-ExR_2、NIR_3、NDI_3	283.749	0.683	0.468	13.267
R_1、G_1、ExG_1 等 21 个植被指数	280.388	0.74	0.479	13.408

　　由表 8-4 可看出,估算精度最高的估算模型包含 B_1、ExG_1、NIR_3、NDI_3、ExG-ExR_3 等 5 个特征变量,R^2 达到 0.76,RMSE 为 0.402 t/hm^2,nRMSE 为 11.488%,与单生育期所构建的估算模型相比,均表现出较高的精度。

　　图 8-1 为不同氮肥处理下冬小麦产量实测值与预测值对比结果,图中产量估算值分别选取每个生育期最优模型估算得到。在抽穗期,选用 G、B、MSAVI2、SAVI 多特征变量组合模型;在开花期,选用 ExG、NIR、NDI、B、MSAVI2 多特征变量组合模型;在灌浆期,选用 G、B、ExG、ExR、NDVI、RVI、TNDVI 多特征变量组合模型。从图 8-1 可以看出,N4 处理冬小麦产量最高,平均达到 9.374 t/hm^2,随着施氮量的减少,产量呈下降趋势,但在 N1 处理时略有提高。N0 处理冬小麦平均产量为 5.964 t/hm^2,比 N4 处理降低 36.377%。冬小麦产量预测值与实测值相比,N1 处理和 N4 处理预测值偏小,其余施氮肥处理时,预测值偏大。N5 处理时预测值的分布范围与实测值的接近,其余处理下预测值的分布范围均比实测值的小。试验所用冬小麦品种较多,不同品种产量不同,因而产量数据分布分散,尤其氮营养亏缺严重时更为明显。

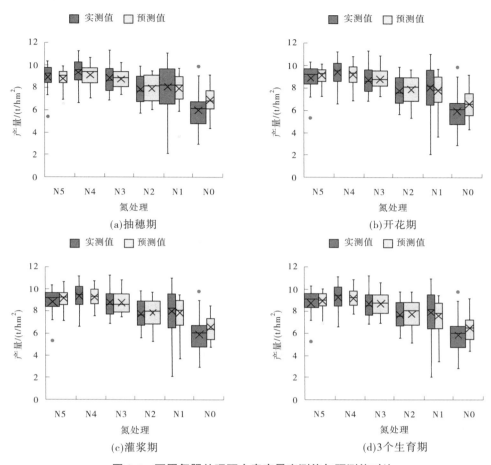

图 8-1　不同氮肥处理下小麦产量实测值与预测值对比

8.3　讨　论

使用逐步回归筛选出的特征变量作为输入的线性产量回归模型精度较差,但可以对植被特征进行降维,筛选出对模型影响较大的特征组合(Kumar et al.,2019)。随机森林较传统的回归算法精度和稳定性更高。本书研究表明,随机森林应用在作物表型评估中能够提升模型性能,王丽爱等(2015)以 8 个植被指数为输入特征变量分析多个生育期小麦叶片 SPAD 值与植被指数间的相关性,构建随机森林回归模型,并以支持向量回归模型和反向传播神经网络回归模型为对照模型,研究表明随机森林回归模型的估算精度最高。王庆(2021)等通过甜菜叶丛冠层的结构特征和光谱特征构建地上部及块根鲜质量与块根含糖率随机森林和偏最小二乘估算模型,研究随机森林回归模型在精度上高于偏最小二乘回归模型。基于此,本书先通过逐步回归筛选特征变量,再使用随机森林算法,在特征变量间相互影响较小的前提下,得到精度较高的随机森林回归模型,并在此前提下,通过对估算模型的分析,能够大致得出哪些特征变量对估算模型更重要且对精度影响更高,进而从这些特征变量中寻找出与产量之间的联系,探究该特征变量对产量估算精度解释性较强的原因。

在 R、G、B、NIR 和 RE 这 5 个波段中,G 和 RE 的建模精度较高,NIR 的建模精度较低。原因是绿波段的反射率对叶片叶绿素量敏感,反映了叶片叶绿素量水平,叶绿素是植株光合作用的重要影响因素,在很大程度上决定了作物产量(Zhao et al., 2021a)。RE 在作物快成熟时既在灌浆期左右会出现红边位移 ADDIN 现象,作物生长状态好,红边位置会出现红移,反之会出现蓝移,并且红边反射率曲线斜率大,导致红边与产量具有较大的相关性。同时,这一结果印证了一些研究者提出红边与叶片叶绿素即绿波段有关系的观点(钱彬祥 等,2020)。RE 在灌浆期的估算模型精度较高的原因是红边位移现象主要发生在该时期。

开花期和灌浆期冬小麦的营养生长已基本完成,产量也基本定型,叶片对土地覆盖程度高,裸土较少,此时冬小麦的性状与产量相关性较高。开花期之前的生育期受外界因素影响较大,不是对产量进行估算的最佳时期。成熟期冬小麦开始变黄,茎秆叶基本变干,叶片枯萎叶面积减少,裸土增多,因此不建议作为观测时期。

在逐步回归以及随机森林回归所构建的估算模型中,灌浆期表现出较高的估算精度。灌浆期时,冬小麦籽粒长度先达到最大,随后宽度和厚度明显增加,是决定粒质量和产量的关键时期,这一生理特征决定了该时期对产量估算的精准性。

8.4　本章小结

(1)开花期和灌浆期的植被指数与产量均具有较强的相关性,所构建的随机森林估算模型最大 R^2 均大于 0.7。

(2)通过对比 3 个时期构建的产量估算模型,发现灌浆期的植被指数对产量的估算效果最好,构建的最优估算模型的 R^2 达到 0.73,输入特征为 G、B、ExG、ExR、NDVI、RVI 和 TNDVI 组合,同时 AIC 对比同时期其他特征组合较低。

(3)同时考虑 3 个时期的指标相比单生育期所构建的随机森林估算模型精度有所提升,保证 AIC 较低的同时 R^2 可达到 0.76。

(4)在本书研究试验中,过量施氮肥以及氮肥亏缺均导致冬小麦产量降低。与正常施氮肥处理相比,未进行施氮肥处理将造成冬小麦产量下降约1/3。这一研究可为农田工作者施肥工作提供一定指导作用。

第 9 章　基于无人机多光谱和热红外预测作物产量

为了精确高效地预测作物产量,本章以变量灌溉条件下冬小麦为研究对象,利用无人机搭载多光谱和热红外相机,获取全生育期的多光谱和热红外数据,并选取多种与产量显著相关的植被指数以及作物水分胁迫指数(crop water stress index,CWSI)。采用特征递归消除(recursive feature elimination,RFE)方法筛选出植被指数在各时期的最佳植被指数子集;基于筛选前后的植被指数以及 CWSI 采用支持向量机(support vector machines,SVM)算法构建 4 个产量估测模型来估算冬小麦产量。

9.1　材料方法

9.1.1　植被指数和水分亏缺指数

植被指数是由不同波段的反射率以代数形式组合成的一种参数,可降低土壤背景对光谱数据的干扰,比单波段具有更好的灵敏性。综合以往所做产量估测研究,本试验选取 20 种与产量相关性较好的多光谱植被指数(CIRE、DVI、EVI、GNDVI、MCARI、MNVI、MSR、MTVI2、NDVI、NDVIRE、NLI、OSAVI、RDVI、RVI1、RVI2、SAVI、SIPI、TCARI、TCARI/OSAVI、TVI)来构建产量估测模型(见表 9-1),前面章节已经列出部分植被指数详细信息,在此仅列出前面章节未曾出现过的植被指数详细信息。

表 9-1　植被指数汇总

植被指数	计算公式
修正三角植被指数(MTVI2)	$MTVI2 = \dfrac{1.5 \times [1.2 \times (\rho_{NIR} - \rho_G) - 2.5 \times (\rho_R - \rho_G)]}{(3 - \rho_{NIR})^2 - 6\rho_{NIR} + 5\rho_R^2}$
非线性指数(NLI)	$NLI = \dfrac{\rho_{NIR}^2 - \rho_R}{\rho_{NIR}^2 + \rho_R}$
结构密集型色素指数(SIPI)	$SIPI = \dfrac{\rho_{NIR} - \rho_B}{\rho_{NIR} - \rho_R}$
转化叶绿素吸收比值指数(TCARI)	$TCARI = 3 \times \left[(\rho_{RE} - \rho_R) - 0.2 \times (\rho_{RE} - \rho_G) \times \left(\dfrac{\rho_{RE}}{\rho_R} \right) \right]$
TCARI/OSAVI	TCARI/OSAVI

注:ρ_B、ρ_G、ρ_R、ρ_{RE} 和 ρ_{NIR} 分别为 RedEdge 多光谱相机 475 nm、560 nm、668 nm、717 nm 和 840 nm 波长处的光谱反射率。

作物水分胁迫指数(CWSI)(Jones et al.,2009)是通过作物冠层温度来监测作物是否遭受水分胁迫的指标,公式如下:

$$CWSI = \frac{T_C - (T_{min} - 2)}{T_{max} + 5 - (T_{max} - 2)} \tag{9-1}$$

式中，T_C 为作物冠层平均温度；T_{max} 为小区作物冠层平均温度最大值；T_{min} 为小区作物冠层平均温度最小值。

9.1.2　模型精度验证

本节采用 R 语言对冠层光谱信息进行处理实现植被指数计算、相关性分析和产量估算模型的建立。每个模型使用交叉验证法验证其精度，取其交叉验证结果产生的决定系数（R^2）、均方根误差（RMSE）和归一化均方根误差（nRMSE）的均值作为估测模型和验证模型精度评价的指标，估测模型所对应的 R^2 越大，RMSE 和 nRMSE 越小，说明模型的预测精度越高（Kamir et al.，2020）。

9.2　结果分析

9.2.1　植被指数、作物水分胁迫指数和产量相关性分析

本节选用 20 种植被指数与产量进行相关性分析，结果如图 9-1 所示。多数植被指数在各时期与产量均呈现出较强的相关性。抽穗期各植被指数与产量的相关系数绝对值为 0.28~0.63，其中 TCARI 和 TCARI/OSAVI 的相关系数绝对值最大，均为 0.63，CIRE 最小，为 0.28；相较于抽穗期，开花期的植被指数相关系数绝对值大多数有所提高，其中 RVI1 的相关系数的绝对值最大，为 0.61，MCARI 的相关系数绝对值最小，为 0.28；灌浆期的相关系数绝对值为 0.57~0.67，CIRE、MSR、NDVIRE、RVI1、TCARI/OSAVI 的相关系数绝对值均为最大值 0.67，MCARI 的相关系数绝对值最小为 0.57。整体上，从抽穗期到灌浆期各植被指数的相关系数绝对值呈现出逐渐升高的趋势，在灌浆期各植被指数与产量的相关系数均为最大值。CWSI 在从抽穗期到灌浆期与产量均为极显著相关，且相关系数绝对值一直增大，在灌浆期达到最大值，为 0.69。

9.2.2　RFE 法筛选最佳植被指数子集

本节所选用的植被指数与产量之间存在较高相关性。然而，这些植被指数之间也可能存在多重共线性，影响回归的性能。筛选植被指数的目的是从输入成分中找到最优子集，从而提高模型的预测性能，减少不相关因素的影响，减少运行时间。因此采用递归特征消除算法对各时期的植被指数进行选择，该算法使用 R 语言来实现。

植被指数经过特征递归消除筛选之后得到的各特征排名如图 9-2 所示，由图 9-2 可知抽穗期最佳植被指数是 OSAVI 和 SAVI；开花期植被指数 DVI、MNVI、NDVI、OSAVI、RDVI 和 SAVI 表现最佳；灌浆期的最佳植被指数子集包含 8 个特征，分别为 DVI、GNDVI、MNVI、NDVI、NLI、OSAVI、RDVI 和 SAVI。

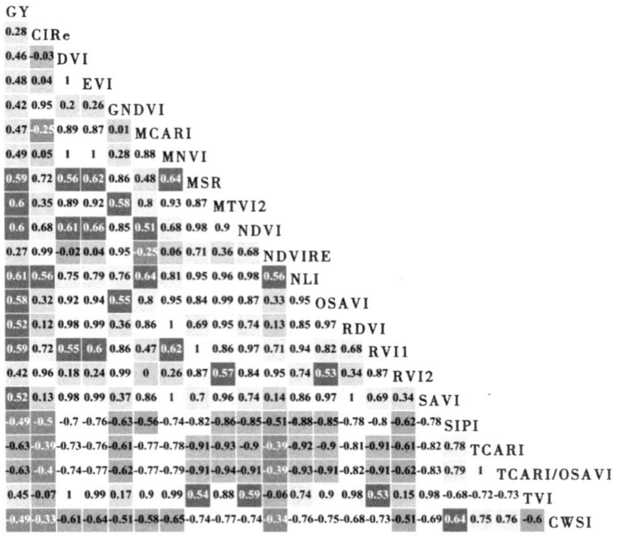

```
GY
0.28  CIRe
0.46  -0.03  DVI
0.48  0.04  1  EVI
0.42  0.95  0.2  0.26  GNDVI
0.47  -0.25  0.89  0.87  0.01  MCARI
0.49  0.05  1  1  0.28  0.88  MNVI
0.59  0.72  0.56  0.62  0.86  0.48  0.64  MSR
0.6  0.35  0.89  0.92  0.58  0.8  0.93  0.87  MTVI2
0.6  0.68  0.61  0.66  0.85  0.51  0.68  0.98  0.9  NDVI
0.27  0.99  -0.02  0.04  0.95  -0.25  0.06  0.71  0.36  0.68  NDVIRE
0.61  0.56  0.75  0.79  0.76  0.64  0.81  0.95  0.96  0.98  0.56  NLI
0.58  0.32  0.92  0.94  0.55  0.8  0.95  0.84  0.99  0.87  0.33  0.95  OSAVI
0.52  0.12  0.98  0.99  0.36  0.86  1  0.69  0.95  0.74  0.13  0.85  0.97  RDVI
0.59  0.72  0.55  0.6  0.86  0.47  0.62  1  0.86  0.97  0.71  0.94  0.82  0.68  RVI1
0.42  0.96  0.18  0.24  0.99  0  0.26  0.87  0.57  0.84  0.95  0.74  0.53  0.34  0.87  RVI2
0.52  0.13  0.98  0.99  0.37  0.86  1  0.7  0.96  0.74  0.14  0.86  0.97  1  0.69  0.34  SAVI
-0.49  -0.5  -0.7  -0.76  -0.63  -0.56  -0.74  -0.82  -0.86  -0.85  -0.51  -0.88  -0.85  -0.8  -0.78  -0.91  -0.78  SIPI
-0.63  -0.39  -0.73  -0.76  -0.61  -0.77  -0.78  -0.9  -0.93  -0.9  -0.38  -0.92  -0.9  -0.81  -0.91  -0.61  -0.82  0.78  TCARI
-0.63  -0.4  -0.74  -0.77  -0.62  -0.77  -0.79  -0.91  -0.94  -0.91  -0.39  -0.93  -0.91  -0.82  -0.91  -0.62  -0.83  0.79  TCARI/OSAVI
0.45  -0.07  1  0.99  0.17  0.9  0.99  0.54  0.88  0.59  -0.06  0.74  0.9  0.98  0.53  0.15  0.98  -0.68  -0.72  -0.73  TVI
-0.49  -0.33  -0.61  -0.64  -0.51  -0.58  -0.65  -0.74  -0.77  -0.74  -0.76  -0.75  -0.68  -0.73  -0.51  -0.69  0.64  0.75  0.76  -0.6  CWSI
```

(a)抽穗期

```
GY
0.54  CIRE
0.51  0.65  DVI
0.52  0.72  0.99  EVI
0.53  0.97  0.72  0.78  GNDVI
0.28  -0.01  0.65  0.59  0.13  MCARI
0.53  0.71  1  1  0.78  0.62  MNVI
0.6  0.92  0.81  0.86  0.95  0.36  0.86  MSR
0.57  0.81  0.96  0.98  0.87  0.56  0.98  0.94  MTVI2
0.56  0.91  0.83  0.88  0.96  0.37  0.88  0.98  0.95  NDVI
0.52  0.99  0.68  0.76  0.98  0.02  0.74  0.92  0.83  0.93  NDVIRE
0.56  0.87  0.9  0.94  0.93  0.44  0.94  0.97  0.98  0.99  0.9  NLI
0.56  0.83  0.95  0.97  0.89  0.51  0.97  0.95  1  0.97  0.86  0.99  OSAVI
0.54  0.75  0.99  1  0.82  0.59  1  0.89  0.99  0.91  0.78  0.96  0.99  RDVI
0.61  0.92  0.8  0.84  0.94  0.36  0.85  1  0.93  0.97  0.91  0.95  0.93  0.88  RVI1
0.55  0.98  0.68  0.74  0.99  0.07  0.74  0.95  0.84  0.93  0.97  0.9  0.86  0.78  0.95  RVI2
0.54  0.75  0.99  1  0.82  0.58  1  0.89  0.99  0.91  0.78  0.96  0.99  1  0.88  0.78  SAVI
-0.46  -0.84  -0.82  -0.88  -0.89  -0.34  -0.86  -0.89  -0.91  -0.95  -0.88  -0.95  -0.93  -0.89  -0.87  -0.83  -0.89  SIPI
-0.56  -0.9  -0.63  -0.69  -0.93  -0.24  -0.69  -0.95  -0.82  -0.92  -0.92  -0.9  -0.87  -0.82  -0.74  -0.96  -0.95  -0.74  0.79  TCARI
-0.57  -0.92  -0.72  -0.78  -0.96  -0.3  -0.78  -0.98  -0.88  -0.97  -0.92  -0.93  -0.89  -0.82  -0.97  -0.96  -0.82  0.87  0.83  TCARI/OSAVI
0.51  0.64  1  0.99  0.71  0.67  0.99  0.81  0.96  0.82  0.67  0.9  0.94  0.98  0.79  0.66  0.98  -0.82  -0.62  -0.71  TVI
-0.67  -0.65  -0.7  -0.71  -0.67  -0.32  -0.72  -0.7  -0.73  -0.7  -0.66  -0.72  -0.73  -0.73  -0.7  -0.67  -0.72  0.62  0.62  0.66  -0.7  CWSI
```

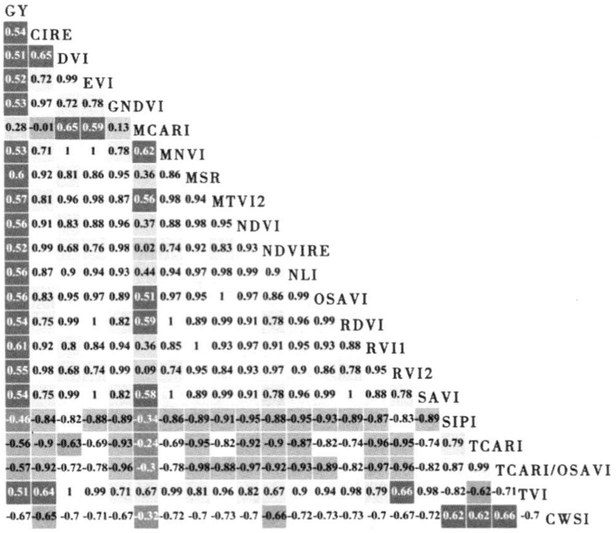

(b)开花期

图 9-1　相关性矩阵图

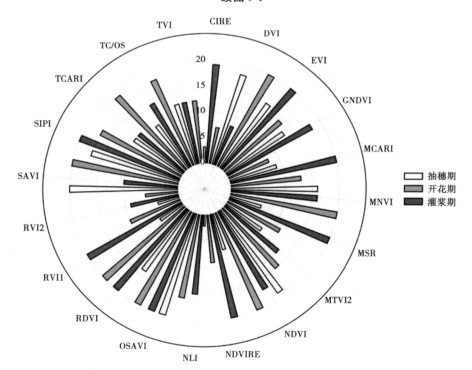

(c)灌浆期

续图 9-1

图 9-2　RFE 筛选后植被指数重要性程度

注：TC/OS 表示 TCARI/OSAVI。

9.2.3　基于最佳植被指数子集、最佳植被指数子集结合 CWSI 构建估产模型

为了评估 SVM 对最佳植被指数子集与最佳植被指数子集结合 CWSI 估算产量的能力，利用图 9-2 中 RFE 筛选后得到的最佳植被指数子集、最佳植被指数子集结合 CWSI，通过 SVM 方法构建冬小麦不同生育期的基于全植被指数、全植被指数结合 CWSI、最佳植被指数子集与最佳植被指数子集结合 CWSI 的产量估算模型，估产精度如表 9-2 ~ 表 9-5 所示。由表 9-2 ~ 表 9-5 可得，基于全植被指数构建的估产模型从抽穗期到开花期精度逐渐升高，在灌浆期达到最大值，灌浆期的 R^2 为 0.57；基于最佳植被指数子集构建的估产模型在灌浆期表现最佳（$R^2 = 0.60$，RMSE = 1 014 kg/hm^2，nRMSE = 15.48%），三个生育期内从抽穗期到灌浆期 R^2 逐渐增大，RMSE 和 nRMSE 逐渐减小；基于全生育期植被指数结合 CWSI 构建的估产模型在灌浆期精度最高（$R^2 = 0.58$，RMSE = 1 055 kg/hm^2，nRMSE = 15.86%）；基于最佳植被指数子集结合 CWSI 构建的估产模型在三个生育期内的 R^2、RMSE 和 nRMSE 与基于最佳植被指数子集的变化情况一致，在灌浆期的估产精度最高（$R^2 = 0.65$，RMSE = 960 kg/hm^2，nRMSE = 14.61%）。

表 9-2　基于全植被指数的产量估算精度

生育期	R^2	RMSE/(kg/hm^2)	nRMSE/%
抽穗期	0.46	1 174.37	17.64
开花期	0.49	1 155.81	17.61
灌浆期	0.57	1 047.37	16.01

表 9-3　基于最佳植被指数子集的产量估算精度

生育期	R^2	RMSE/(kg/hm^2)	nRMSE/%
抽穗期	0.48	1 154.6	17.62
开花期	0.50	1 111.86	16.97
灌浆期	0.60	1 014	15.48

表 9-4　基于全植被指数结合 CWSI 的产量估算精度

生育期	R^2	RMSE/(kg/hm^2)	nRMSE/%
抽穗期	0.47	1 121	17.12
开花期	0.57	1 071	16.37
灌浆期	0.58	1 055	15.86

表 9-5　基于最佳植被指数子集结合 CWSI 的产量估算精度

生育期	R^2	RMSE/(kg/hm²)	nRMSE/%
抽穗期	0.50	1 110	16.92
开花期	0.58	1 030	15.74
灌浆期	0.65	960	14.61

　　对比基于全植被指数和最佳植被指数子集构建的产量估测模型,发现基于最佳植被指数子集构建的估产模型从抽穗期到灌浆期估产精度均得到了提升,R^2 分别提升到 0.48、0.50、0.60,RMSE 和 nRMSE 均有下降,在开花期降幅最大,降低到 1 111.86 kg/hm²、16.97%。

　　对比基于全植被指数结合 CWSI、最佳植被指数子集和最佳植被指数子集结合 CWSI 的 3 个产量估测模型,发现三个生育期内基于最佳植被指数子集结合 CWSI 构建的产量估测模型精度均表现最佳。基于最佳植被指数子集结合 CWSI 比基于全植被指数结合 CWSI 和最佳植被指数子集构建的产量估测模型的 R^2 从抽穗期到灌浆期分别提高到 0.50、0.58 和 0.65。RMSE 和 nRMSE 则均有降低,在灌浆期降幅最大,降低到 960 kg/hm²、14.61%。

　　本书为了验证基于全植被指数、基于最佳植被指数子集、基于全植被指数结合 CWSI 和基于最佳植被指数子集结合 CWSI 构建模型估算产量的精度,利用验证集数据进行验证分析,得到三个生育期的实测产量与预测产量的关系如图 9-3 所示。观察 4 个模型的实测产量和预测产量的关系,发现基于全植被指数构建的模型在灌浆期的 R^2 最高,为 0.53,在开花期的 RMSE 和 nRMSE 最低,分别为 1 180.82 kg/hm²、18.18%;发现基于最佳植被指数子集的产量实测值与预测值的关系,从抽穗期到灌浆期,R^2 逐渐增大,在灌浆期达到最大值,为 0.54,RMSE 和 nRMSE 则呈现出逐渐减小的趋势,在灌浆期达到最小值,分别为 1 092.2 kg/hm²、16.65%;基于全植被指数结合 CWSI 的估产模型精度随生育期的进行呈现逐渐升高的趋势,在灌浆期模型精度最佳(R^2 = 0.55,RMSE = 1 084.96 kg/hm²,nRMSE = 17.44%);基于植被指数结合 CWSI 的冬小麦产量实测值与预测值的关系,与基于植被指数的产量实测值与预测值关系变化趋势一致,在灌浆期的精度最佳(R^2 = 0.56,RMSE = 1 022.4 kg/hm²,nRMSE = 15.61%);四个模型的验证 R^2 的变化趋势与估产模型的 R^2 变化趋势一致,说明了模型的验证效果较好。对比四个模型的实测产量与预测产量的关系,发现经过 RFE 筛选后,随着生育期的发展基于最佳植被指数子集估产模型精度均比基于全植被指数估产模型精度高。

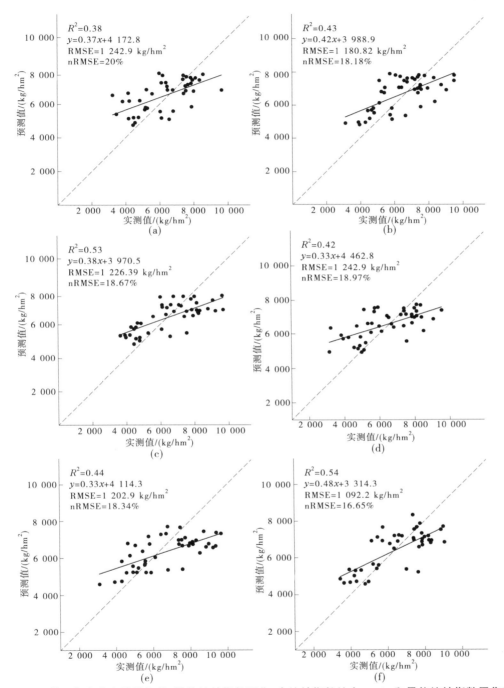

图 9-3　基于冬小麦全植被指数、最佳植被指数子集、全植被指数结合 CWSI 和最佳植被指数子集结合 CWSI 在不同生育期产量实测值和预测值关系

注:(a)、(b)、(c)分别为基于全植被指数在抽穗期、开花期、灌浆期实测产量与预测产量的关系,(d)、(e)、(f)分别为基于最佳植被指数子集在抽穗期、开花期、灌浆期的实测产量与预测产量的关系,(g)、(h)、(i)分别为基于全植被指数结合 CWSI 在抽穗期、开花期、灌浆期的实测产量与预测产量的关系,(j)、(k)、(l)分别为基于最佳植被指数子集结合 CWSI 在抽穗期、开花期、灌浆期的实测产量与预测产量的关系。

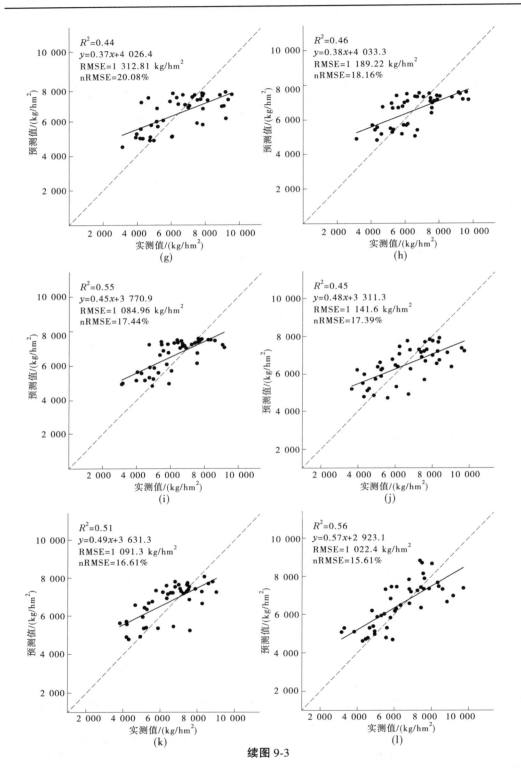

续图9-3

9.2.4 产量分布

对比基于全植被指数、最佳植被指数子集、全植被指数结合 CWSI 以及最佳植被指数子集结合 CWSI 构建的四个产量估测模型，其中在灌浆期，基于最佳植被指数子集结合 CWSI 构建的估产模型精度最佳，利用此生育期的预测产量，生成基于最佳植被指数子集结合 CWSI 的冬小麦灌浆期产量预测分布图，见图 9-4。由图 9-4 可知，水处理 1、2、3 区域的产量分布差异明显，水处理 1 区域的产量最高，均高于水处理 2 区域和水处理 3 区域，这与本试验所做的水分处理有关，整体上灌浆期的产量分布在 5 500 ~ 7 500 kg/hm²。根据实测产量结果，水处理 1 区域的产量高于水处理 2 区域和水处理 3 区域，并且实测产量主要分布在 5 500 ~ 7 500 kg/hm²，结果和产量估测模型预测的产量分布一致，说明产量估测模型的可行性。

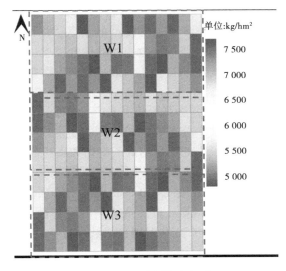

图 9-4 预测产量分布图

9.3 讨 论

利用无人机遥感技术对冬小麦进行产量估算是一种快速、高效、精确的方法。通过无人机遥感技术获取冬小麦的图像数据，从中提取数据获得植被指数构建产量估测模型。随着生育阶段的发展，大部分植被指数与产量相关系数的绝对值也在逐渐增大，这是由于随着冬小麦的生长发育，反应后期产量器官的有机物质积累在逐渐增加，在灌浆期达到了最大值，表明灌浆期包含更多可预测产量的光谱信息。从冬小麦采集到的光谱信息越封堵，反映冬小麦的产量就可以更全面、准确。不同植被指数的组合所构建出的产量估测模型的估产精度不同，本书采用 RFE 方法基于回归模型对所选植被指数进行特征筛选，得到每个时期的最佳植被指数子集，进而获得每个时期产量估测模型的最佳精度。该方法采用交叉验证的方法从所选植被指数中选择出最有效的植被指数来降低数据集的维度，提高算法性能。筛选后的最佳植被指数子集去除了无关的噪声特征，显著提高了基于原始植被指数集构建估产模型的精度。与 Kamir 等（2020）所做的研究结论相同,均证明了 RFE 方法的有效性。

对比不同生育期所选取的植被指数与产量均有较强的相关性,但是整体变化无规律;对比 CWSI 的三个时期的相关性发现随着冬小麦生育阶段的发展,CWSI 与产量之间的相关性在逐渐增加。产生这种结果的原因可能是 CWSI 对产量的敏感性较高,植被指数与产量的敏感性不同。对植被指数和 CWSI 构建单参数产量估测模型,发现三个时期的 CWSI 单参数模型精度均为最佳,植被指数表现次之,说明了 CWSI 有很强的冬小麦产量预测能力,这与 Vamvakoulas 等（2020）的结论一致。因此,需要对植被指数进行特征选择,选取各个时期最佳植被指数子集来构建产量估测模型,提升模型精度。

CWSI 是通过无人机遥感热红外数据获得的,是重要的冬小麦水分亏缺评价指标。它决定了冬小麦的水分盈亏,准确高效地诊断土壤含水率,然而将 CWSI 和植被指数结合进行产量估测的研究较少。本书基于最佳植被指数子集和最佳植被指数子集结合 CWSI 构建 SVM 估产模型均优于单参数估产模型的精度,并且最佳植被指数子集结合 CWSI 构建的估产模型精度优于基于植被指数构建的估产模型,表明 CWSI 可以作为构建估产模型的有效指标,多个参数结合 SVM 能够有效地估产作物参数,这与 VIRNODKAR 等的研究结论相同。

图 9-3 使用散点图将不同回归方法获得的小麦产量的最佳估计值与相应的实测值之间的比较,发现不同回归方法的估产分布模式与实测的小麦产量分布非常相似。值得注意的是,不同的回归方法中出现了小麦产量的低产高估和高产低估现象,这可能归因于光学遥感中的饱和问题,是非常常见的现象,尤其是在中高产量方面。

本书基于植被指数和植被指数结合 CWSI 的机器学习算法模型构建直接体现在算法中,不能直接产生数学公式和运算规则,可能造成模型解释性偏弱。此外,特征选择的方法还有很多种,本书只使用了 RFE 方法对植被指数进行特征选择,下一步研究将多方面考虑不同的特征选择方法来对研究进行完善,进一步提升估产模型的精度。

9.4　本章小结

不同生育期多数植被指数与产量呈现出较强的相关性,CWSI 与产量呈现出较强相关性;这些植被指数经过 RFE 方法筛选后得到最佳植被指数子集,采用 SVM 机器学习算法分别构建基于全植被指数、最佳植被指数子集、全植被指数结合 CWSI 和最佳植被指数子集结合 CWSI 的四种估产模型,对比四个估产模型发现基于最佳植被指数子集结合 CWSI 的估产精度最佳,R^2 在 3 个生育期内分别提升到 0.50、0.58、0.65,RMSE 分别降低至 1 110 kg/hm²、1 030 kg/hm²、960 kg/hm²,nRMSE 分别减小至 16.92%、15.74%、14.61%。

第 10 章　基于无人机高光谱预测作物产量

在本章中使用低空无人驾驶飞行器(UAV)获取了冬小麦作物冠层在开花期和灌浆期的高光谱图像数据,并使用机器学习来预测冬小麦的产量。具体来说,从光谱数据中提取了大量的光谱指数,并使用三种特征选择方法,即递归特征消除法(RFE)、Boruta 特征选择法和皮尔逊相关系数法(PCC),来过滤高光谱指数,以降低数据的维度。同时,还构建了四大基础学习者模型:支持向量机(SVM)、高斯过程(GP)、线性脊回归(LRR),以及随机森林(RF),并通过结合这四个基础学习者模型建立了一个集成机器学习模型。本章的目的是利用无人机的高光谱图像估计冬小麦产量。具体目标包括以下内容:①研究高光谱图像在冬小麦产量预测中的潜力;②评估不同特征选择方法下冬小麦产量预测模型的性能;③建立基于基本机器学习算法的决策层融合(DLF)模型,以提高预测性能。

10.1　光谱指数的获取

使用无人机获取的高光谱数据由数百个波段组成,包含丰富的光谱信息,而且许多相邻波段之间高度相关(Ashourloo et al. , 2014)。选择了 60 个已发表的使用光谱反射率计算的光谱指数来预测产量(见表 10-1),每个光谱指数来自两个或多个光谱带。这些光谱指数包括曲线指数(CI)、叶绿素吸收指数(CAI)、归一化差异植被指数(NDVI)、简单比率指数(SR)、特定色素归一化差异指数(PSND)、归一化差异植被指数(RDVI)、三角植被指数(TVI)及这些指数的修正版本,如修正归一化差异指数(MND)、修正简单比率指数(MSR)、归一化差异(ND)及其组合 MCARI/MTVI2,以及其他。所利用的大部分波段是在红色、近红外和红边光谱区域。

表 10-1　本章所采用的光谱指数汇总

全称	光谱指数	公式	应用
曲线指数	CI	$R675 \times R690 / R683^2$	叶绿素
红边叶绿素指数	CIRE	$R750 / R710 - 1$	植被、叶绿素
	Datt1	$(R850 - R710) / (R850 - R680)$	
	Datt4	$R672 / (R550 \times R708)$	植被、叶绿素
	Datt6	$R860 / (R550 \times R708)$	
双重差异指数	DDI	$(R749 - R720) - (R701 - R672)$	植被

续表 10-1

全称	光谱指数	公式	应用
双峰指数	DPI	$(R688+R710)/R697^2$	植被、叶绿素
Gitelson2		$(R750-R800)/(R695-R740)-1$	叶绿素
绿色归一化差异植被指数	GNDVI	$(R750-R550)/(R750+R550)$	植被、叶绿素
叶片叶绿素指数	LCI	$(|R850|-|R710|)/(|R850|+|R680|)$	植被、叶绿素
修正叶绿素吸收比率指数	MCARI	$[(R700-R670)-0.2\times(R700-R550)](R700/R670)$	植被、叶绿素
修正叶绿素吸收比率指数3	MCARI3	$[(R750-R710)-0.2\times(R750-R550)](R750/R715)$	
修正归一化差异指数	$\text{MND}_{[680,800]}$	$(R800-R680)/(R800+R680-2\times R445)$	色素
	$\text{MND}_{[705,750]}$	$(R750-R705)/(R750+R705-2\times R445)$	
修正简单比率指数	MSR	$(R800-R445)/(R680-R445)$	植被
修正简单比率指数2	MSR2	$(R750/R705-1)/(\sqrt{R750/R705+1})$	
MERIS陆地叶绿素指数	MTCI	$(R754-R709)/(R709-R681)$	植被、叶绿素
修正三角植被指数1	MTVI1	$1.2\times[1.2(R800-R550)-2.5\times(R670-R550)]$	植被
修正三角植被指数2	MTVI2	$1.5\dfrac{1.2\times(R800-R550)-2.5\times(R670-R550)}{\sqrt{(2\times R800+1^2)-(6\times R800-5\sqrt{R670})-0.5}}$	
归一化差异指数	$\text{ND}_{[531,550]}$	$(R550-R531)/(R550+R531)$	植被、叶绿素
	$\text{ND}_{[553,682]}$	$(R682-R553)/(R682+R553)$	
归一化差异叶绿素指数	NDchl	$(R925-R710)/(R925+R710)$	
新双倍差值指数	DDn	$2\times(R710-R760-R760)$	叶绿素
红边归一化差异指数	NDRE	$(R790-R720)/(R790+R720)$	植被
归一化差异植被指数	$\text{NDVI}_{[650,750]}$	$(R750-R650)/(R750+R650)$	植被、生物
	$\text{NDVI}_{[550,750]}$	$(R750-R550)/(R750+R550)$	
	$\text{NDVI}_{[710,750]}$	$(R750-R710)/(R750+R710)$	
归一化色素叶绿素指数	NPCI	$(R680-R430)/(R680+R430)$	植被、叶绿素

续表 10-1

全称	光谱指数	公式	应用
归一化差异色素指数	NPQI	（R415−R435）/（R415+R435）	植被、叶绿素
优化土壤调整植被指数	OSAVI	（1+0.16）（R800−R670）（R800+R670+0.16）	植被
植物生物化学指数	PBI	R810/R560	植被
植物色素比例指数	PPR	（R550−R450）/（R550+R450）	植被
生理反射率指数	PRI	（R550−R530）/（R550+R530）	植被
色素特定归一化差异指数	PSNDb1	（R800−R650）/（R800+R650）	植被、叶绿素
	PSNDc1	（R800−R500）/（R800+R500）	
	PSNDc2	（R800−R470）/（R800+R470）	
植物衰老反射率指数	PSRI	（R678−R500）/R750	植被
色素特定简单比率指数	PSSRc1	R800/R500	植被、叶绿素
	PSSRc2	R800/R470	
光合作用活力比指数	PVR	（R550−R650）/（R550+R650）	植被
植物水分指数	PWI	R970/R900	植被、水压力
重归一化差异植被指数	RDVI	（R800−R670）/$\sqrt{R800+R670}$	植被
	RDVI2	（R833−R658）/$\sqrt{R833+R658}$	
拐点反射率指数	Rre	（|R670|+|R780|）/2	植被
红边压力植被指数	RVSI	［（R718+R748）/2］−R733	植被
土壤调节植被指数	SAVI	1.16×［（R800−R670）/（R800+R670+0.16）］	植被
结构密集型色素指数	SIPI	（R800−R445）/（R800−R680）	色素
光谱多边形植被指数	SPVI	0.4×［3.7×（R800−R670）−1.2×|R530−R670|］	植被
简单比率指数	SR[430,680]	R430/R680	植被
	SR[440,740]	R440/R740	
	SR[550,672]	R550/R672	
	SR[550,750]	R550/R750	
疾病水压力指数 4	DSWI−4	R550/R680	植被、水压力
简单比率色素指数	SRPI	R430/R680	植被、叶绿素

续表 10-1

全称	光谱指数	公式	应用
转化叶绿素 吸收率指数	TCARI	$3\times[(R700-R670)-0.2\times(R700-R550)(R700/R670)]$	植被、叶绿素
三角叶绿素指数	TCI	$1.2\times(R700-R550)-1.5\times(R670-R550)\times\sqrt{R700/R670}$	植被、叶绿素
三角植被指数	TVI	$0.5\times[120(R750-R550)-200\times(R670-R550)]$	植被
水带指数	WBI	$R970/R902$	植被、水压力
MCARI/MTVI2	MCARI/MTVI2	MCARI/MTVI2	植被、叶绿素
TCARI/OSAVI	TCARI/OSAVI	TCARI/OSAVI	植被、叶绿素

10.2　统计学分析

在本节中,对回归模型的评价有以下四种方式:决定系数(R^2)、均方根误差(RMSE)、表现与四分位数距离之比(RPIQ)和表现与偏差之比(RPD)。评价模型的标准是具有较高准确性的产量估计模型,RPD>1.5 通常被认为是表示可靠的预测。

10.3　结　果

10.3.1　描述性统计

本书中所有试验小区的冬小麦产量均值为 6 550 kg/hm²,三个灌溉处理的平均产量不同。各灌溉处理下的试验地块和所有地块的产量统计见表 10-2。一般来说,灌溉水平较高的处理与较高的产量有关。IT1 处理的平均产量最高,为 7 970 kg/hm²;其次是 IT2 处理,为 6 730 kg/hm²;IT3 处理为 4 940 kg/hm²。所有地块和三个试验处理的产量数据集的数据范围、量化统计、标准偏差(SD)和变异系数(C_v)显示,各处理之间的产量差异很大,而且数据集分离良好。

表 10-2　所有试验地和三个不同灌溉处理的试验地的数据集的描述性统计

单位:kg/hm²

类别	数量	均值	SD	最小值	Q25	Q50	Q75	最大值	C_v
所有数据集	180	6 550	1 590	3 130	5 270	6 650	7 710	9 710	0.243 3
IT1 数据集	60	7 970	1 010	5 580	7 430	7 970	8 650	9 710	0.126 8
IT2 数据集	60	6 730	1 020	4 280	6 080	6 750	7 550	8 750	0.151 6
IT3 数据集	60	4 940	960	3 130	4 310	4 890	5 550	7 540	0.195 0

注:SD 为标准差;Q25 为下四分之一;Q50 为中四分之一;Q75 为上四分之一;C_v 为变异系数。

　　表 10-3 显示了各植被指数在开花期和灌浆期的简单线性回归决定系数。结果显示，各光谱指数在籽粒充实期的 R^2 值大多大于开花期。RVSI 指数在这两个阶段表现最好，在开花期 R^2 值为 0.48，在灌浆期为 0.49。表现最差的曲线指数是开花期的 CI，R^2 值为 0.08，在灌浆期表现最差的指数是 TCARI/OSAVI，R^2 值为 0.10。

表 10-3　简单线性回归下光谱指数的决定系数

全称	光谱指数	R^2	
		开花期	灌浆期
曲线指数	CI	0.08	0.33
红边叶绿素指数	CIRE	0.21	0.40
	Datt1	0.30	0.31
	Datt4	0.14	0.41
	Datt6	0.05	0.29
双重差异指数	DDI	0.24	0.26
双峰指数	DPI	0.14	0.30
	Gitelson2	0.21	0.45
绿色归一化差异植被指数	GNDVI	0.21	0.40
叶片叶绿素指数	LCI	0.20	0.42
修正叶绿素吸收比率指数	MCARI	0.17	0.41
	MCARI3	0.22	0.43
修正归一化差异指数	$MND_{[680,800]}$	0.26	0.45
	$MND_{[705,750]}$	0.20	0.43
修正简单比率指数	MSR	0.22	0.32
修正简单比率指数 2	mSR2	0.23	0.41
MERIS 陆地叶绿素指数	MTCI	0.13	0.31
修正三角植被指数 1	MTVI1	0.43	0.40
修正三角植被指数 2	MTVI2	0.36	0.47
归一化差异指数	$ND_{[531,550]}$	0.13	0.28
	$ND_{[553,682]}$	0.41	0.48
归一化差异叶绿素指数	NDchl	0.23	0.36
新双倍差值指数	DDn	0.45	0.39
红边归一化差异指数	NDRE	0.18	0.36
归一化差异植被指数	$NDVI_{[650,750]}$	0.32	0.47
	$NDVI_{[550,750]}$	0.23	0.42
	$NDVI_{[710,750]}$	0.22	0.43

续表 10-3

全称	光谱指数	R^2	
		开花期	灌浆期
归一化色素叶绿素指数	NPCI	0.17	0.35
归一化差异色素指数	NPQI	0.13	0.31
优化土壤调整植被指数	OSAVI	0.31	0.48
植物生物化学指数	PBI	0.20	0.37
植物色素比例指数	PPR	0.09	0.25
生理反射率指数	PRI	0.40	0.48
色素特定归一化差异指数	PSNDb1	0.31	0.46
	PSNDc1	0.28	0.44
	PSNDc2	0.26	0.43
植物衰老反射率指数	PSRI	0.24	0.31
色素特定简单比率指数	PSSRc1	0.26	0.39
	PSSRc2	0.24	0.38
光合作用活力比指数	PVR	0.40	0.48
植物水分指数	PWI	0.15	0.28
重归一化差异植被指数	RDVI	0.43	0.44
	RDVI2	0.42	0.44
拐点反射率指数	Rre	0.35	0.14
红边压力植被指数	RVSI	0.48	0.49
土壤调节植被指数	SAVI	0.31	0.47
结构密集型色素指数	SIPI	0.44	0.35
光谱多边形植被指数	SPVI	0.44	0.40
简单比率指数	$SR_{[430,680]}$	0.17	0.34
	$SR_{[440,740]}$	0.31	0.46
	$SR_{[550,672]}$	0.02	0.25
	$SR_{[550,750]}$	0.01	0.05
疾病水压力指数 4	DSWI-4	0.43	0.47
简单比率色素指数	SRPI	0.17	0.34
转化叶绿素吸收率指数	TCARI	0.01	0.34
三角叶绿素指数	TCI	0.08	0.40
三角植被指数	TVI	0.43	0.42

续表 10-3

全称	光谱指数	R^2	
		开花期	灌浆期
水带指数	WBI	0.30	0.31
MCARI/MTVI2	MCARI/MTVI2	0.13	0.39
TCARI/OSAVI	TCARI/OSAVI	0.03	0.10

10.3.2　特征重要性排序

在本书中,采用 RFE、Boruta 和 PCC 方法对开花期和灌浆期的 60 个植被指数的重要性进行了排序。各植被指数的重要性排序结果见表 10-4。比较三种特征选择方法在开花期和结实期的特征重要性排名,发现 RVSI 排名靠前,总体表现持续良好。其他每个植被指数在不同阶段的排名随不同特征选择方法而变化。在所选的 60 个植被指数中,有 23 个是由 3 个或 4 个波段组成的,其中约有 15 个按重要性排列在前 40 位。我们还注意到,两个整数指数 MCARI/MTVI2 和 TCARI/OSAVI,在两个小麦生长阶段都被 RFE 和 Boruta 特征筛选方法排在前 40 位。在籽粒饱满阶段,经过 RFE 筛选,这两个指数都排在前 25 位。经过 PPC 性状筛选方法,这两个指数在开花期的排名都在前 40 名之外,只有 MCARI/MTVI2 在籽粒饱满期的排名仍在前 40。

表 10-4　各时期不同特征选择方法下的特征排名

排名	开花期特征			灌浆期特征		
	RFE	Boruta	PCC	RFE	Boruta	PCC
1	RVSI	Gitelson2	RVSI	DSWI-4	Gitelson2	RVSI
2	RDVI	RVSI	DDn	$ND_{[553,682]}$	RVSI	$ND_{[553,682]}$
3	WBI	NDchl	SPVI	MTVI2	NDchl	PVR
4	$NDVI_{[650,750]}$	$ND_{[553,682]}$	SIPI	RVSI	$ND_{[553,682]}$	OSAVI
5	PRI	OSAVI	MTVI1	Gitelson2	OSAVI	PRI
6	PWI	CIRE	RDVI	PVR	CIRE	$NDVI_{[650,750]}$
7	DSWI-4	$NDVI_{[710,750]}$	DSWI-4	CI	$NDVI_{[710,750]}$	MTVI2
8	$SR_{[440,740]}$	DPI	TVI	OSAVI	DPI	DSWI-4
9	SAVI	MSR2	RDVI2	NDchl	MSR2	SAVI
10	TCI	MTCI	$ND_{[553,682]}$	Datt1	MTCI	$SR_{[440,740]}$
11	MTVI1	DSWI-4	PRI	$SR_{[450,550]}$	DSWI-4	PSNDb1
12	OSAVI	$MND_{[705,750]}$	PVR	PPR	$MND_{[705,750]}$	$MND_{[680,800]}$
13	Datt4	MTVI2	MTVI2	CIre	MTVI2	Gitelson2

续表 10-4

排名	开花期特征			灌浆期特征		
	RFE	Boruta	PCC	RFE	Boruta	PCC
14	MSR	PVR	Rre	PRI	PVR	RDVI2
15	DDn	$NDVI_{[650,750]}$	$NDVI_{[650,750]}$	NPQI	$NDVI_{[650,750]}$	RDVI
16	RDVI2	SAVI	$SR_{[440,740]}$	$SR_{[450,690]}$	SAVI	PSNDc1
17	MCARI	PRI	PSNDb1	Rre	PRI	$MND_{[705,750]}$
18	$ND_{[553,682]}$	Datt6	OSAVI	MSR2	Datt6	PSNDc2
19	PSNDb1	$SR_{[440,740]}$	SAVI	TCARI/OSAVI	$SR_{[440,740]}$	$NDVI_{[710,750]}$
20	SIPI	DDI	WBI	DDI	DDI	MCARI3
21	Rre	PSNDb1	PSNDc1	MCARI	PSNDb1	$NDVI_{[550,750]}$
22	TVI	LCI	PSNDc2	PSRI	LCI	LCI
23	Gitelson2	$MND_{[680,800]}$	$MND_{[680,800]}$	LCI	$MND_{[680,800]}$	TVI
24	Datt1	NDRE	PSSRc1	Datt4	NDRE	MSR2
25	NDchl	PSSRc1	DDI	MCARI/MTVI2	PSSRc1	Datt4
26	TCARI	PSNDc1	PSSRc2	MTCI	PSNDc1	MCARI
27	MCARI3	$NDVI_{[550,750]}$	PSRI	PSNDc2	$NDVI_{[550,750]}$	CIre
28	MCARI/MTVI2	NPQI	$NDVI_{[550,750]}$	WBI	NPQI	TCI
29	PSNDc2	MCARI3	MSR2	DPI	MCARI3	GNDVI
30	Datt6	CI	$NDVI_{[710,750]}$	PWI	CI	MTVI1
31	$SR_{[450,550]}$	$ND_{[531,550]}$	MSR	MTVI1	$ND_{[531,550]}$	SPVI
32	$ND_{[531,550]}$	MCARI	GNDVI	PSNDb1	MCARI	DDn
33	PSNDc1	MCARI/MTVI2	CIre	MSR	MCARI/MTVI2	MCARI/MTVI2
34	CI	TCARI/OSAVI	PBI	$MND_{[705,750]}$	TCARI/OSAVI	PSSRc1
35	SPVI	PBI	$MND_{[705,750]}$	TCI	PBI	PSSRc2
36	NDRE	PSNDc2	LCI	MCARI3	PSNDc2	PBI
37	TCARI/OSAVI	PSSRc2	NDRE	$NDVI_{[650,750]}$	PSSRc2	NDRE
38	PVR	PSRI	NPCI	PSNDc1	PSRI	NPCI
39	MTVI2	Datt1	$SR_{[430,680]}$	$SR_{[440,740]}$	Datt1	SIPI
40	PPR	SRPI	SRPI	Datt6	SRPI	TCARI

续表 10-4

排名	开花期特征			灌浆期特征		
	RFE	Boruta	PCC	RFE	Boruta	PCC
41	DDI	RDVI2	MCARI	TCARI	RDVI2	$SR_{[430,680]}$
42	NPQI	GNDVI	PWI	$SR_{[430,680]}$	GNDVI	SRPI
43	$MND_{[680,800]}$	RDVI	Datt4	$NDVI_{[710,750]}$	RDVI	CI
44	PSSRc1	NPCI	$ND_{[531,550]}$	$NDVI_{[550,750]}$	NPCI	MSR
45	PSRI	TVI	MTCI	$ND_{[531,550]}$	TVI	WBI
46	PSSRc2	$SR_{[450,550]}$	MCARI/MTVI2	PSSRc2	$SR_{[450,550]}$	MTCI
47	MTCI	$SR_{[430,680]}$	TCI	SIPI	$SR_{[430,680]}$	PSRI
48	$SR_{[450,690]}$	PPR	Datt1	NDRE	PPR	DPI
49	$MND_{[705,750]}$	DDn	Datt6	SAVI	DDn	Datt6
50	GNDVI	MSR	DPI	NPCI	MSR	$ND_{[531,550]}$
51	CIRE	TCI	NPQI	PSSRc1	TCI	PWI
52	LCI	$SR_{[450,690]}$	NDchl	RDVI2	$SR_{[450,690]}$	DDI
53	NPCI	PWI	TCARI/OSAVI	SRPI	PWI	PPR
54	$NDVI_{[550,750]}$	Datt4	PPR	SPVI	Datt4	$SR_{[450,550]}$
55	$SR_{[430,680]}$	SIPI	$SR_{[450,550]}$	DDn	SIPI	NDchl
56	DPI	MTVI1	MCARI3	GNDVI	MTVI1	Rre
57	SRPI	SPVI	$SR_{[450,690]}$	TVI	SPVI	TCARI/OSAVI
58	PBI	WBI	Gitelson2	PBI	WBI	$SR_{[450,690]}$
59	MSR2	TCARI	TCARI	$MND_{[680,800]}$	TCARI	NPQI
60	$NDVI_{[710,750]}$	Rre	CI	RDVI	Rre	Datt1

10.3.3　特征选择方法和模型精度的比较和性能

为了进一步探索高性能特征,在机器学习模型中迭代加入了总共 60 个特征,从每个顺序的第一个特征开始,更新模型训练性能,直到 60 个特征全部包括在内。计算了四个基础模型(SVM、GP、LRR 和 RF)的训练精度,这些模型是在三种特征选择方法下得到的,用于两个小麦生长阶段(见图 10-1)。对于 SVM 模型,RFE 方法在开花期和灌浆期表现最好,其次是 Boruta 和 PCC,模型的准确率随着特征数量的增加而提高[见图 10-1(a)、(b)]。对于 GP 模型,使用 Boruta 方法时,开花期的准确性更高,其次是 PCC 和 RFE 方法,与 RFE 相比,使用 Boruta 方法和 PCC 的灌浆期的准确性更好[见图 10-1(b)、(c)]。

对于 LRR 模型，RFE 方法在开花期表现最好。Boruta 方法在灌浆期表现最好，PCC 表现最差[见图 10-1(e)、(f)]。在 RF 模型中，使用 Boruta 方法对模型进行排序时，在开花期和灌浆期的准确度最好，PCC 和 RFE 方法在开花期的表现基本一致，RFE 方法在灌浆期的结果最差[见图 10-1(g)、(h)]。综合结果显示，所有四个模型（SVM、GP、LRR 和 RF）的准确性随着特征数量的增加在 25 个特征之后保持稳定。因此，本书使用前 25 个特征进行集合模型的开发。

比较两个生育期构建的四个模型的 R^2 显示，LRR 模型的准确度最低，开花期的 R^2 为 0.48~0.54，灌浆期的 R^2 为 0.48~0.63，输入特征稳定后，R^2 值分别为 0.54 和 0.59。GP 模型的 R^2 值在开花期为 0.12~0.72，在灌浆期为 0.55~0.81。RF 模型的准确度最高，开花期的 R^2 为 0.76~0.94，灌浆期的 R^2 为 0.86~0.95，当输入特征稳定后，R^2 值分别为 0.93 和 0.95。

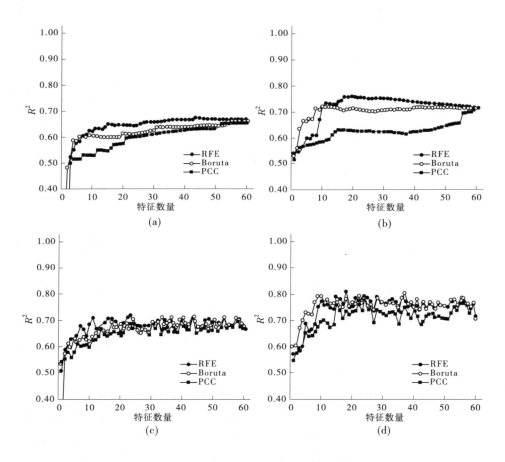

图 10-1　模型训练精度与特征数量的关系

注：(a) 和 (b) 分别为开花期和灌浆期的 SVM 模型；(c) 和 (d) 分别为开花期和灌浆期的 GP 模型；(e) 和 (f) 分别为开花期和灌浆期的 LRR 模型；(g) 和 (h) 分别为开花期和灌浆期的 RF 模型。

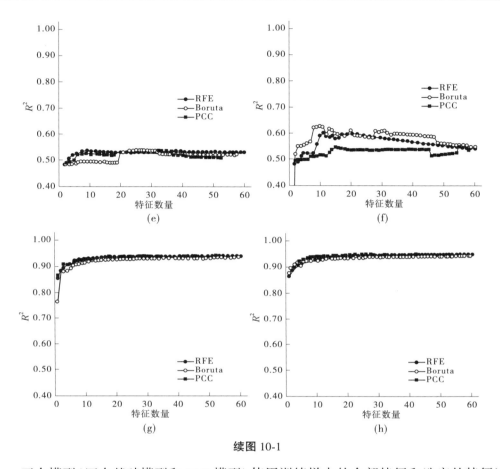

续图 10-1

　　五个模型(四个基础模型和 DLF 模型)使用训练样本的全部特征和选定的特征进行训练,并对验证样本进行了模型性能评估。表 10-5 显示了从 200 次试验中得到的验证准确性的平均值。在本书构建的基础模型中,使用 RFE 方法构建的 SVM 模型在开花期首选光谱指数的验证精度最高($R^2 = 0.63$, RMSE = 1 026.74 kg/hm², RPIQ = 2.40, RPD = 1.60),用 Boruta 方法构建的 SVM 模型的验证集准确度最高,该模型在灌浆期具有首选特征($R^2 = 0.73$, RMSE = 867.13 kg/hm², RPIQ = 2.74, RPD = 1.90)。在构建的 DLF 模型中,使用 Boruta 和 PCC 方法构建的模型在开花期的首选特征的准确度达到了 0.66,使用 Boruta 方法构建的模型的首选特征的准确度在灌浆期最高($R^2 = 0.78$, RMSE = 791.48 kg/hm², RPIQ = 2.99, RPD = 2.08)。总的来说,所有方法的 R^2 都在 0.56 以上,表明这些模型在估计冬小麦产量方面的有效性。DLF 模型的表现优于所有的单个模型。使用首选特征构建的 DLF 模型在开花期的 R^2 值为 0.65,使用所有特征构建的 DLF 模型为 0.63。在灌浆期,使用首选特征构建的 DLF 模型的 R^2 值为 0.77,在灌浆期使用所有特征构建的 DLF 模型的 R^2 为 0.75。在本书中,相对于全部特征模型,所有的特征选择方法的准确性都得到了提高,RFE 方法在开花期的提高最大。SVM、GP、LRR、RF 和 DLF 模型的 R^2 值分别提高了 0.04、0.03、0.04、0.03 和 0.02,在开花期达到 0.63、0.59、0.62、0.60 和 0.65。

Boruta 方法在籽粒饱满阶段改善最大五个模型的 R^2 值分别增加了 0.05、0.05、0.06、0.03 和 0.03,达到 0.73、0.72、0.66、0.68 和 0.78。此外,与开花期相比,模型在籽粒饱满期的准确性更高。

表 10-5　支持向量机、高斯过程、线性脊回归、随机森林和决策层融合模型预测冬小麦产量的测试精度

特征	模型	开花期				灌浆期			
		R^2	RMSE/ (kg/hm²)	RPIQ	RPD	R^2	RMSE/ (kg/hm²)	RPIQ	RPD
选定特征 (RFE)	SVM	0.63	1 026.74	2.40	1.60	0.71	897.09	2.64	1.83
	GP	0.59	1 092.26	2.25	1.51	0.69	941.38	2.52	1.75
	LRR	0.62	1 034.86	2.38	1.59	0.64	1 003.3	2.36	1.64
	RF	0.60	1 047.26	2.35	1.57	0.67	944.08	2.51	1.74
	DLF	0.65	992.26	2.47	1.65	0.77	806.79	2.94	2.04
选定特征 (Boruta)	SVM	0.62	1 026.46	2.31	1.60	0.73	867.13	2.74	1.90
	GP	0.57	1 113.64	2.12	1.48	0.72	894.74	2.65	1.84
	LRR	0.62	1 032.74	2.29	1.59	0.66	979.67	2.42	1.68
	RF	0.58	1 072.49	2.21	1.54	0.68	937.94	2.53	1.76
	DLF	0.66	983.58	2.40	1.67	0.78	791.48	2.99	2.08
选定特征 (PCC)	SVM	0.62	1 028.37	2.29	1.61	0.67	944.72	2.52	1.74
	GP	0.58	1 110.45	2.12	1.49	0.68	958.98	2.49	1.71
	LRR	0.62	1 032.48	2.28	1.60	0.63	1 026.22	2.32	1.60
	RF	0.58	1 076.73	2.19	1.54	0.66	964.27	2.47	1.70
	DLF	0.66	985.13	2.39	1.68	0.77	816.99	2.91	2.01
全部特征	SVM	0.59	1 050.7	2.25	1.56	0.68	945.46	2.51	1.73
	GP	0.56	1 104.99	2.14	1.48	0.67	970.27	2.45	1.69
	LRR	0.58	1 066.91	2.22	1.53	0.60	1 051.08	2.26	1.56
	RF	0.57	1 078.42	2.20	1.52	0.65	974.87	2.44	1.68
	DLF	0.63	1 003.14	2.36	1.63	0.75	835.6	2.84	1.96

散点图(见图 10-2)被用来更好地显示模型和特征选择方法的产量预测性能。总的来说,所有的模型都给出了很好的结果,并且在三种特征选择方法中都表现良好。此外,DLF 模型的准确性因生长阶段和特征选择方法而异。在不同的生长阶段,其性能在所有的特征选择方法中都很稳定,表明其对不同的特征选择方法有较强的适应性。从 DLF 模型得到的大部分观测产量和预测产量都表现出很好的一致性,它善于模拟不同灌溉处理下收获时的高产和低产。

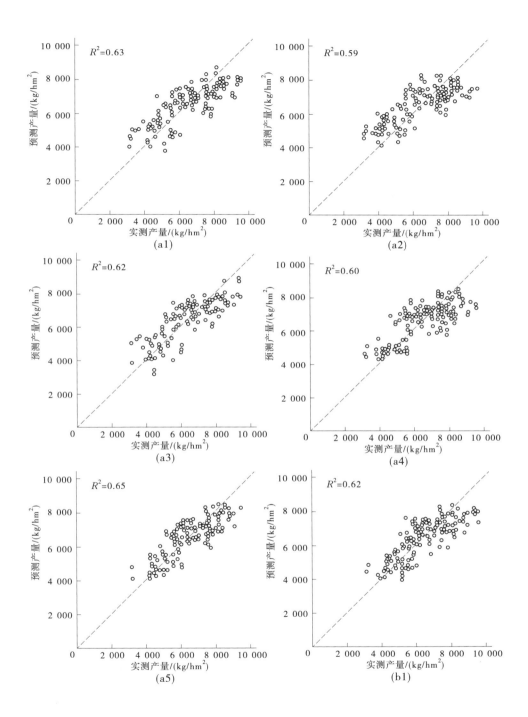

图 10-2　由三种不同特征选择方法构建的五个模型的实测产量与预测产量的散点图

注:在图中标签(a1~f5)中,字母 a、b、c 分别代表开花期使用的 RFE、Boruta 和 PCC 特征选择方法;d、e、f 分别代表谷物灌浆期使用的 RFE、Boruta 和 PCC 特征选择方法;数字 1~5 代表 SVM、GP、LRR、RF、DLF。

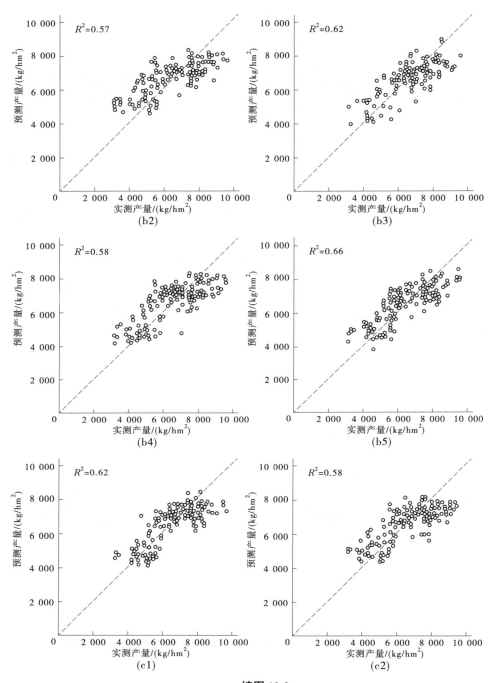

续图 10-2

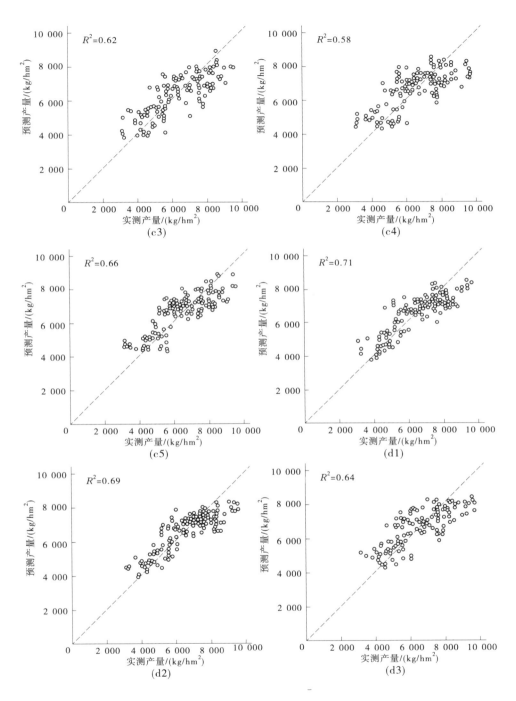

续图 10-2

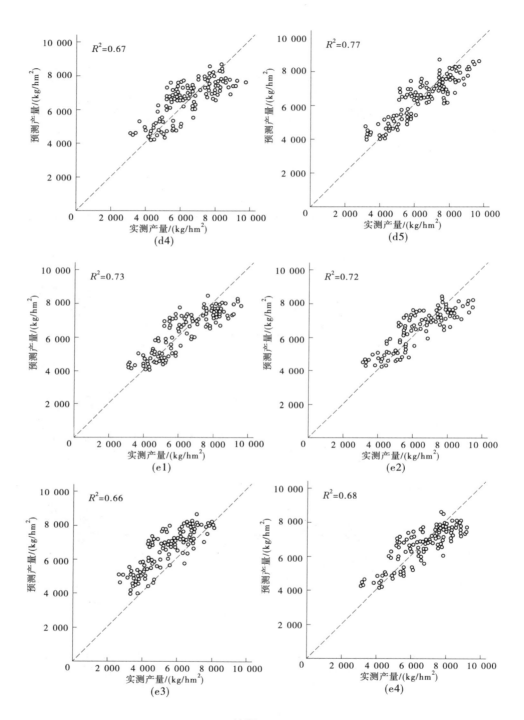

续图 10-2

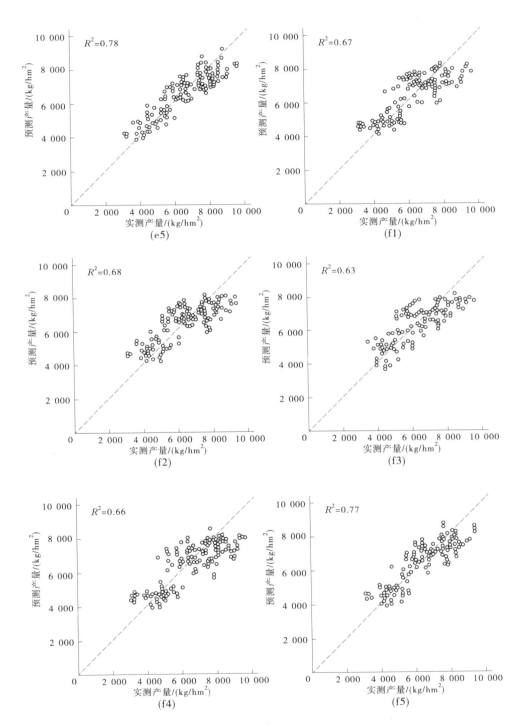

续图 10-2

10.3.4　产量分布

对本节中使用的所有模型进行比较后发现,使用 Boruta 方法在灌浆期优选特征构建的 DLF 模型取得了最佳精度,因此它被用来生成预测产量的分布(见图 10-3)。不同灌溉处理之间的 t 检验分析结果见表 10-6,表明三个处理之间的产量分布差异很大,顺序为 IT1>IT2 > IT3。总的来说,IT1 处理的预测产量分布在 5 000 ~ 10 000 kg/hm²。根据观察结果,IT1 处理的产量最高,为 5 000 ~ 9 000 kg/hm²,其次是 IT2 处理和 IT3 处理;这与 DLF 模型预测的产量分布一致,证明了使用模型估算产量的可行性。

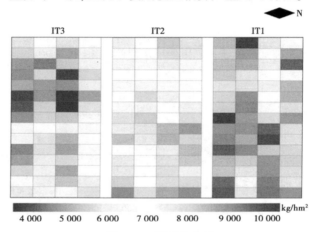

图 10-3　产量分布图

注:数字从 4 000 ~ 10 000 说明粮食产量从 4 000 kg/hm² 增加到 10 000 kg/hm²。

表 10-6　不同灌溉处理的 t 检验分析结果

特征	t	P 值
IT1 与 IT2	7.097	0.000
IT1 与 IT3	16.661	0.000
IT2 与 IT3	9.348	0.000

10.4　讨　论

本章选择了 60 个高光谱窄波段指数,其中约 74% 与红边波段相关。在开花期,通过 RFE、Boruta 和 PCC 方法排序后,有超过 6 个与红边波段相关的指数进入前 10 名。这些红边光谱指数都比其他波段指数具有更好的预测性能,这与以往研究的结果一致(Zhao et al., 2021)。例如,Xie 等(2020)分析了低温胁迫下冬小麦成熟期产量与冠层光谱反射率的关系,发现红边区域与籽粒产量相关。然而,不同指数的排名存在很大差异,这可能是由于使用了不同的特征选择方法或植被指数适用的环境不同。在两个小麦生长阶段,一些光谱指数在不同的特征选择方法中表现一致,如 RVSI、DSWI-4 和 ND[553,682] 三个光谱指数。RVSI 指数由包括红边波段在内的三个波段组成,在评估小麦锈病症状和构建水稻生理性状模型方面表现良好,在本书的不同方法特征排名中位居前五。这可能是因为它提供了更多的光谱信息,对不同生长阶段的不同特征选择方法的产量更加敏感。DWSI-4 指数最初是利用简单比率和归一化比率构建的植物病害-水分胁迫指数的变体,在作物病害预测中也具有良好的稳定性和性能。$ND_{[553,682]}$ 指数可用于估计叶绿素含量,并可将遮阳和叶面积指数大小的影响降至最低。结果表明,这三个光谱指数可用于产量估计。MCARI/MTVI2 和 TCARI/OSAVI 是综合指数。在以前的研究中,它们的性能优于单独的 MCARI、MTVI2 和 OSAVI 指数,因为综合指数具有更丰富的波段信息,并能有效地消除背景效应(Padalia et al.,2020)。Boruta 方法在冬小麦开花期仅次于 RFE 方法,在灌浆期表现最好,这可能是由于两种方法在不同环境中的表现不同。Boruta 方法是一种完全相关的特征选择方法,旨在选择与因变量真正相关并可用于预测的特征,而不是针对模型的选择,可以帮助我们更全面地了解因变量的特征,做出更好、更有效的特征选择ADDIN。RFE 方法考虑了特征之间的相关性,不断建立模型以寻找最佳特征,具有良好的泛化能力,是一种适合小样本数据集的方法。本章中表现最差的 PCC 方法在作物科学界常用于敏感性特征选择。它不需要任何模型训练,但当变量之间的关联性很复杂时,它不能客观地表示相关关系。此外,还存在特征之间存在多重共线性的风险。在本书中,基于特征选择下的优选特征,模型构建的准确性优于全特征条件下的模型,这与 Hsu 等 2011年的研究结果一致(Kursa et al.,2010),验证了特征选择方法的有效性和可推广性。

　　本章采用四种基础机器学习算法,根据特征选择后得到的光谱指数子集,构建冬小麦产量估计模型。在使用训练集数据进行训练时,RF 模型的准确率最高,表现最好,但在模型的验证集中,RF 模型的表现不是最好的,这可能是由于 RF 模型在训练集中存在过拟合现象。在模型训练集中,LRR 模型均表现最差;但在模型验证集中,GP 模型在开花期表现最差,LRR 模型在籽粒饱满期表现最差。LRR 模型的 R^2 往往比普通回归模型低,但可以在协方差问题上产生一个值(Ge et al.,2020)。GP 模型使用全样本进行预测,随着数据维度的上升,其有效性会下降(Li et al.,2021)。SVM 模型在训练集中表现不佳,但在验证中具有最高的准确性。SVM 是一种基于内积核函数的机器学习方法。核超参数的错误选择可能导致模型训练集估计的准确性下降。然而,SVM 模型验证集的高准确性是由于其较好的鲁棒性,适合小样本数据回归,以及对核函数不敏感,具有避免维度灾难问题的能力。研究还发现,在冬小麦的两个发育阶段,使用 SVM、GP、LRR 和 RF 这四种独立的机器学习算法构建的产量估计模型的准确性也有很大差异。根据模型验证集,在不同的特征选择下,每个模型在灌浆期的准确率都高于开花期。这是由于冬小麦在灌浆期通过碳同化将干物质储存在小麦种子中,表明该阶段包含更多的光谱信息,可用于预测产量。此外,为了更全面、更准确地反映冬小麦的产量,还增加了从冬小麦收集的光谱信息。

　　在本章中使用的各个机器学习模型的基础上,开发了一个 DLF(决策级融合)模型。结果显示,当使用所有特征或选定特征时,DLF 模型的表现明显优于其他各模型。当使用选定的特征时,DLF 模型在开花期和灌浆期的表现最好,模型的准确性也优于单个模型。此外,使用在不同特征选择方法下获得的选定特征,DLF 模型在开花期产生的 R^2 值大于0.65,在谷物充实期产生的 R^2 值大于 0.77。总的来说,DLF 模型给出了比单个模型更令人满意和更好的结果。这与以前的研究(Tewary et al.，2021)得出的结论相同，DLF 模型能够最大限度地减少单个模型的偏差，提高反演模型的准确性。综合上述描述，充分性和多样性是决策级融合过程中选择基础模型的两个重要原则(Tewary et al.，2021)。这就要求不同的基础学习者都应具有良好的预测性能，并能尽量减少模型间的依赖性，起到信息互补的作用，这一前提要求是有道理的，因为 DLF 方法融合了不同独立机器学习者的预测结果，所以最终的融合结果都会受到每个基础模型的影响，此外，具有相似高性能的模型的融合将产生有限的预测结果。基于 DLF 的要求和局限性问题，本书采用训练机制完全不同的 SVM、GP、LRR 和 RF 机器学习算法来构建产量估计模型，并通过参数优化提高模型性能，试验结果进一步证明了基础模型的有效性。

本章利用获取的高光谱图像时间序列对冬小麦的产量进行了预测，针对灌浆期构建的产量预测模型具有较高的准确率。利用高光谱数据构建产量预测模型在以往的产量预测研究中得到了广泛的应用，并且都取得了较高的模型精度，与本书的研究结果一致(Garriga et al.，2021)。例如，Chandel 等(2019)利用高光谱指数构建产量预测回归模型，发现灌溉小麦的产量估计准确率为 96%。然而，仅仅依靠高光谱数据进行产量估计仍有一些局限性。在未来的研究中，我们打算将无人机的 RGB 和多光谱图像数据也纳入产量估算模型，以拓宽产量估算的应用领域。此外，还将考虑根据无人机图像和地面数据研究生物(杂草、害虫和疾病)和非生物(营养物质、温度和盐度)压力的影响。最后，为了进一步提高预测的准确性，将考虑采用更多的特征选择方法和综合学习方法进行产量估计。因此，在未来，我们还将分析病害、昆虫和肥力对小麦产量的影响。

10.5　本章小结

在冬小麦生产中，在收获前实时了解产量状况有助于优化作物管理和指导田间实践。在本章中，我们利用基于无人机的高光谱图像开发了一个基于 DLF 的机器学习模型用于冬小麦产量预测。我们提取了窄带高光谱指数，并使用三种特征选择方法分别选择优选光谱指数进行模型开发。结果显示，基于 RFE 的方法在开花期的特征选择具有较高的准确性，基于 Boruta 的方法在灌浆期的特征选择具有较高的准确性，而 DLF 模型在使用首选特征时表现优于基础模型并达到最高的准确性。这项研究证明了使用高光谱图像建立冬小麦产量估计模型的有效性。

第 11 章　基于无人机热红外
图像构建灌溉处方图

11.1　材料与方法

11.1.1　无人机影像作物信息提取

在采集无人机影像数据后,由于影像中存在作物、裸土等地物,需要对冬小麦进行提取。无人机影像作物提取的方法有很多,由于本试验大田中只有裸土与冬小麦两种作物,两者在由可见光图像提取的 ExG 图像中差异较大,因此采用 ExG 阈值分割法提取试验区冬小麦图像。ExG 计算公式如下:

$$ExG = 2G - B - R \qquad\qquad (11-1)$$

式中,R、G、B 分别为可见光图像的红、绿、蓝三个波段。

在对 ExG 图像进行分割时,使用自然间断点分割法,进行 20 值阈值分割,寻找使冬小麦与裸土分离效果最好的阈值点,确定分割阈值,进行二值阈值分割。ExG 图像分割效果如图 11-1 所示。提取出冬小麦的矢量掩膜后,遮罩在冠层温度图像上,提取冠层温度图像中的冬小麦。

 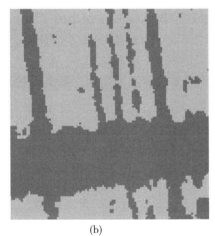

(a)　　　　　　　　　　　　　　　(b)

图 11-1　冬小麦 ExG 图像分割效果

11.1.2　蒸散发计算模型

对冬小麦田进行灌溉后,田间会进行蒸散发,这是土壤与作物水分流失的主要因素,在进行田间灌溉时需要考虑田间蒸散发对土壤含水率的影像。本书使用 QWaterModel 模型计算蒸散发量。QWaterModel 模型与 QGIS 3 软件兼容,可以从 QGIS 官方插件库中下载使用。QWaterModel 模型可以仅使用作物冠层温度图像作为输入,且补充数据较少和易于获取,从而输出田间蒸散发量。模型中输入的参数越多,得出的蒸散发结果越准确。

11.2　灌溉量计算模型

计算出冬小麦蒸散发数据和土壤含水率数据后,再计算每个小区灌水量以及灌水周期。

灌溉处方图的计算公式设定如下:

$$I_T = f(ET, SWC, \theta_c) \tag{11-2}$$

式中,I_T 为一次灌溉额;ET 为使用 QwaterModel 计算获得的田间作物冠层 ET;SWC 为冬小麦根系可有效吸水范围内的土壤含水率;θ_c 为使冬小麦多种表型性状和产量保持最佳的土壤含水率(前文中 W2 处理的小区氮含量、含水率以及产量均较高,故 θ_c 选 W2 处理小区内平均含水率)。

在对土壤含水率反演后,根据土壤含水率空间分布图计算所需灌水量:

当土壤含水率大于或等于 θ_c 时:

$$I = 0 \tag{11-3}$$

当土壤含水率小于 θ_c 时:

$$I = \alpha\rho(\theta_c - SWC) \tag{11-4}$$

式中,I 为净灌水量;α 为冬小麦根系有效吸水深度,一般不超过 60 cm;ρ 为土壤容重,本书试验区表层土壤容重为 1.47 g/cm³。

本试验仅使用 0~20 cm 深度的土壤含水率,20 cm 以下的土壤含水率均不小于 0~20 cm 的土壤含水率,因此使用此方法获得的灌溉量能够保证冬小麦不会出现水分亏缺现象。

下一步需要计算灌溉周期。灌溉周期的计算公式如下:

$$\int_1^T ET dt = \alpha(\theta_c - \theta_{min}) \tag{11-5}$$

式中,θ_{min} 为不影响冬小麦正常生长的土壤含水率最低值,取 14%。

11.3　结果分析

11.3.1　计算蒸散发

提取小麦后,将开花期和灌浆期冬小麦冠层温度图像导入 QWaterModel 模型中,得到两个时期的蒸散发量分布图,如图 11-2 所示。由图 11-2 可知,在不同灌溉处理下,随着灌溉处理的减少,蒸散发量随之减小。灌浆期的蒸散发量略高于开花期的蒸散发量,原因之一是灌浆期数据采集时冠层上方气温更高,为 31 ℃;开花期数据采集时的冠层上方大气温度较低,为 28.4 ℃。但决定冬小麦冠层蒸散发量的因素很多,大气温度只是因素之一,探讨影响冬小麦冠层蒸散发量的因素还需要更多的研究。

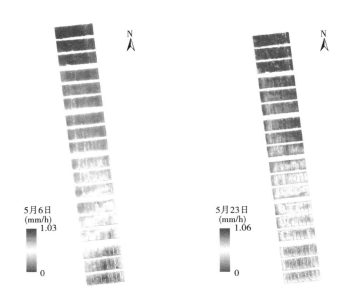

5月6日
(mm/h)
1.03

0

5月23日
(mm/h)
1.06

0

图 11-2　蒸散发量分布图

11.3.2　土壤含水率估算

为了构建冬小麦试验田灌溉处方图,本书通过无人机多源数据融合方法估算土壤含水率。使用随机森林算法,将多光谱 5 个波段反射率、15 个植被指数、可见光数据(株高和冠层阴影覆盖度)和冠层温度作为输入特征,构建开花期和灌浆期的土壤含水率估算模型。图 11-3 为两个生育期的每个试验小区的平均土壤含水率预测值和平均土壤含水率实测值间的关系,两者为正相关。开花期平均土壤含水率预测值和平均土壤含水率实测值间的拟合 R^2 为 0.871,灌浆期平均土壤含水率预测值和平均土壤含水率实测值间的拟合 R^2 为 0.951,均高度相关。

11.3.3　灌溉处方图构建

使用前文提出的灌溉处方图构建模型,计算并绘制开花期和灌浆期小区尺度的灌溉处方图,结果如图 11-4 所示。由图 11-4 可知,两个时期在不同灌溉处理间,冬小麦的需水量均随着灌溉量的减少而逐渐增加。两个时期灌溉需水量的空间分布相似,但需要灌水量有所差异,开花期水分亏缺最严重小区需要 6.2 mm 的灌水量,灌浆期水分亏缺最严重小区需要 11.3 mm 的灌水量。在 W1 处理内,由于此处理为过量灌溉处理,且由前文可知,因过量灌溉导致多种生理性状以及产量下降,因此两个时期 W1 处理均几乎不需要进行灌水。由于该模型是按 W2 处理的平均土壤含水率作为判定是否需要进行灌水的标准以及需要灌水量的计算标准,因此 W2 处理几乎不需要进行灌水,但该处理必定会有部分区域内的土壤含水率大于平均土壤含水率,因此 W2 处理仍有部分区域需要少量灌水。

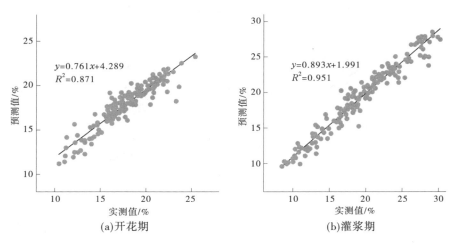

$y=0.761x+4.289$
$R^2=0.871$

$y=0.893x+1.991$
$R^2=0.951$

(a)开花期   (b)灌浆期

图11-3 土壤含水率实测值与预测值关系

以上结论与实际情况相符,因此该不同灌溉处理间的灌溉处方图对实际进行田间灌溉工作时具有一定的参考价值。

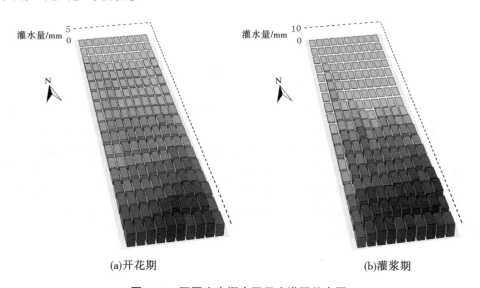

(a)开花期   (b)灌浆期

图11-4 不同生育期小区尺度灌溉处方图

11.4 本章小结

(1)当数据不足时,可以通过利用 QWaterModel 模型,使用无人机热红外图像数据计算冬小麦冠层蒸散发量。

(2)可以无人机多源数据融合有效估算土壤含水率。

(3)使用土壤含水率可以很合理地绘制灌溉处方图,为田间灌溉工作提供一定的指导意义。

参考文献

陈硕博,陈俊英,张智韬,等,2018. 无人机多光谱遥感反演抽穗期冬小麦土壤含水率研究[J]. 节水灌溉(5):39-43.

陈震,2020. 无人机光谱感知平移式喷灌机灌溉信息研究[R].北京:中国农业科学院.

陈震,马春芽,孙浩,等,2019. 基于无人机影像的作物土壤水分亏缺反演方法[J]. 中国农业信息,31(4):23-35.

程千,徐洪刚,曹引波,等,2021. 基于无人机多时相植被指数的冬小麦产量估测[J]. 农业机械学报,52(3):160-167.

邓江,谷海斌,王泽,等,2019. 基于无人机遥感的棉花主要生育时期地上生物量估算及验证. 干旱地区农业研究,37(5):55-61.

韩文霆,汤建栋,张立元,等,2021. 基于无人机遥感的玉米水分利用效率与生物量监测[J]. 农业机械学报,52(5):129-141.

纪景纯,赵原,邹晓娟,等,2019. 无人机遥感在农田信息监测中的应用进展[J]. 土壤学报,56(4):773-784.

兰铭,费帅鹏,禹小龙,等,2021. 多光谱与热红外数据融合在冬小麦产量估测中的应用[J]. 麦类作物学报,41(12):1564-1572.

李辰,王延仓,李旭青,等,2021. 基于小波技术的冬小麦植株组分含水率估测模型[J]. 农业机械学报,52(3):193-201.

李格,白由路,杨俐苹,等,2019. 华北地区夏玉米滴灌施肥的肥料效应[J]. 中国农业科学,52(11):1930-1941.

李鑫星,朱晨光,傅泽田,等,2020. 基于无人机多光谱图像的土壤水分检测方法研究[J]. 光谱学与光谱分析,40(4):1238-1242.

李长春,牛庆林,杨贵军,等,2017. 基于无人机数码影像的大豆育种材料叶面积指数估测[J]. 农业机械学报,48(8):147-158.

刘昌华,王哲,陈志超,等,2018. 基于无人机遥感影像的冬小麦氮素监测[J]. 农业机械学报,49(6):207-214.

刘明星,李长春,李振海,等,2020. 基于高光谱遥感与SAFY模型的冬小麦地上生物量估算[J]. 农业机械学报,51(2):192-202.

刘帅兵,杨贵军,景海涛,等,2019. 基于无人机数码影像的冬小麦氮含量反演[J]. 农业工程学报,35(11):75-85.

鲁旭涛,张丽娜,刘昊,等,2021. 智慧农业水田作物网络化精准灌溉系统设计[J]. 农业工程学报,37(17):71-81.

马春芽,王景雷,黄修桥,2018. 遥感监测土壤水分研究进展[J]. 节水灌溉(5):70-74.

牛庆林,冯海宽,周新国,等,2021. 冬小麦SPAD值无人机可见光和多光谱植被指数结合估算[J]. 农业机械学报,52(8):183-194.

祁亨年,2004. 支持向量机及其应用研究综述[J].计算机工程(10):6-9.

钱彬祥,黄文江,叶回春,等,2020. 红边位置改进算法的冬小麦叶绿素含量反演[J]. 农业工程学报,36(23):162-170.

任建强,吴尚蓉,刘斌,等,2018. 基于 Hyperion 高光谱影像的冬小麦地上干生物量反演[J]. 农业机械学报,49(4):199-211.

孙圣,张劲松,孟平,等,2018. 基于无人机热红外图像的核桃园土壤水分预测模型建立与应用[J]. 农业工程学报,34(16):89-95.

孙圣,张劲松,孟平,等,2019. 基于红外热成像的核桃冠层温度测量不确定性分析[J]. 农业机械学报,50(6):249-256.

陶惠林,徐良骥,冯海宽,等,2020. 基于无人机高光谱遥感的冬小麦株高和叶面积指数估算[J]. 农业机械学报,51(12):193-201.

陶惠林,徐良骥,冯海宽,等,2019. 基于无人机数码影像的冬小麦株高和生物量估算[J]. 农业工程学报,35(19):107-116.

田宏武,郑文刚,李寒,2016. 大田农业节水物联网技术应用现状与发展趋势[J]. 农业工程学报,32(21):1-12.

王晶晶,李长硕,卓越,等,2022. 基于多时相无人机遥感生育时期优选的冬小麦估产[J]. 农业机械学报,53(9):197-206.

王来刚,2012. 基于多源遥感信息融合的小麦生长监测研究[D]. 南京:南京农业大学.

王来刚,郑国清,郭燕,等,2022. 融合多源时空数据的冬小麦产量预测模型研究[J]. 农业机械学报,53(1):198-204.

王丽爱,马昌,周旭东,等,2015. 基于随机森林回归算法的小麦叶片 SPAD 值遥感估算[J]. 农业机械学报,46(1):259-265.

王庆,车荧璞,柴宏红,等,2021. 基于无人机影像的冠层光谱和结构特征监测甜菜长势[J]. 农业工程学报,37(20):90-98.

王曦,李玉环,王瑞燕,等,2020. 基于无人机的冬小麦拔节期表层土壤有机质含量遥感反演[J]. 应用生态学报,31(7):2399-2406.

魏青,张宝忠,魏征,等,2019. 无人机多光谱遥感反演冬小麦植株含水率[J]. 节水灌溉(10):11-14.

杨峰,范亚民,李建龙,等,2010. 高光谱数据估测稻麦叶面积指数和叶绿素密度[J]. 农业工程学报,26(2):237-243.

杨进,明博,杨飞,等,2021. 利用无人机影像监测不同生育阶段玉米群体株高的精度差异分析[J]. 智慧农业(中英文),3(3):129-138.

杨珺博,王斌,黄嘉亮,等,2019. 无人机多光谱遥感监测冬小麦拔节期根域土壤含水率[J]. 节水灌溉(10):6-10.

杨柳,冯仲科,岳德鹏,等,2017. 结合纹理因子和地形因子的森林蓄积量多光谱估测模型[J]. 光谱学与光谱分析,37(7):2140-2145.

杨文攀,李长春,杨浩,等,2018. 基于无人机热红外与数码影像的玉米冠层温度监测[J]. 农业工程学报,34(17):68-75.

姚志华,陈俊英,张智韬,等,2019. 基于无人机热红外遥感的冬小麦水分胁迫研究[J]. 节水灌溉(3):12-17.

袁艺溶,王继燕,杨嘉葳,等,2022. 基于植被指数的若尔盖高原湿地光合有效辐射吸收比例估算研究[J]. 遥感技术与应用,37(5):1267-1276.

张宏鸣,陈丽君,刘雯,等,2021. 基于 Stacking 集成学习的夏玉米覆盖度估测模型研究[J]. 农业机械学报,52(7):195-202.

张旭,高何璇,高晓阳,等,2022. 基于低空遥感与 GA-BP 神经网络的葡萄叶片含水量估算研究[J]. 林业机械与木工设备,50(6):69-75.

张亚倩, 骆社周, 王成, 等, 2022. 联合无人机激光雷达和高光谱数据反演玉米叶面积指数[J]. 遥感技术与应用, 37(5): 1097-1108.

张智韬, 王海峰, 韩文霆, 等, 2018. 基于无人机多光谱遥感的土壤含水率反演研究[J]. 农业机械学报, 49(2): 173-181.

郑踊谦, 董恒, 张城芳, 等, 2019. 植被指数与作物叶面积指数的相关关系研究[J]. 农机化研究, 41(10): 1-6.

周斌, 李航, 王嘉琳, 等, 2022. 基于高分遥感影像的水体面积真实性检验研究[J]. 环境科学与管理, 47(10): 39-43.

AASEN H, BOLTEN A, 2018. Multi-temporal high-resolution imaging spectroscopy with hyperspectral 2D imagers-From theory to application[J]. REMOTE SENSING OF ENVIRONMENT, 205: 374-389.

ASHOURLOO D, MOBASHERI M R, HUETE A, 2014. Evaluating the Effect of Different Wheat Rust Disease Symptoms on Vegetation Indices Using Hyperspectral Measurements[J]. REMOTE SENSING, 6(6): 5107-5123.

BALLESTEROS R, MORENO M A, BARROSO F, et al., 2021. Assessment of Maize Growth and Development with High-and Medium-Resolution Remote Sensing Products[J]. AGRONOMY-BASEL, 11(9405).

BALUJA J, DIAGO M P, BALDA P, et al., 2012. Assessment of vineyard water status variability by thermal and multispectral imagery using an unmanned aerial vehicle (UAV)[J]. IRRIGATION SCIENCE, 30(6): 511-522.

BARANOSKI G, ROKNE J G, 2005. A practical approach for estimating the red edge position of plant leaf reflectance[J]. INTERNATIONAL JOURNAL OF REMOTE SENSING, 26(3): 503-521.

BARRADAS J M M, DIDA B, MATULA S, et al., 2018. A model to formulate nutritive solutions for fertigation with customized electrical conductivity and nutrient ratios[J]. IRRIGATION SCIENCE, 36(3): 133-142.

BENDIG J, YU K, AASEN H, et al., 2015. Combining UAV-based plant height from crop surface models, visible, and near infrared vegetation indices for biomass monitoring in barley[J]. INTERNATIONAL JOURNAL OF APPLIED EARTH OBSERVATION AND GEOINFORMATION, 39: 79-87.

BERGER K, VERRELST J, FERET J, et al., 2020. Crop nitrogen monitoring: Recent progress and principal developments in the context of imaging spectroscopy missions[J]. REMOTE SENSING OF ENVIRONMENT, 242(111758).

BIAN J, ZHANG Z, CHEN J, et al., 2019. Simplified Evaluation of Cotton Water Stress Using High Resolution Unmanned Aerial Vehicle Thermal Imagery[J]. REMOTE SENSING(11): 267.

BREIMAN L, 2001. Random forests[J]. MACHINE LEARNING, 45(1): 5-32.

CALDERON R, RAJENDIRAN K, KIM U J, et al., 2020. Sources and fates of perchlorate in soils in Chile: A case study of perchlorate dynamics in soil-crop systems using lettuce (Lactuca sativa) fields[J]. ENVIRONMENTAL POLLUTION, 264(9): 114682.1~114682.7.

CAO J, LENG W, LIU K, et al., 2018. Object-Based Mangrove Species Classification Using Unmanned Aerial Vehicle Hyperspectral Images and Digital Surface Models[J]. REMOTE SENSING, 10(89): 1-20.

CHANDEL N S, TIWARI P S, SINGH K P, et al., 2019. Yield prediction in wheat (Triticum aestivum L.) using spectral reflectance indices[J]. CURRENT SCIENCE, 116(2): 272-278.

CHANG A, JUNG J, MAEDA M M, et al. 2017. Crop height monitoring with digital imagery from Unmanned Aerial System (UAS)[J]. COMPUTERS AND ELECTRONICS IN AGRICULTURE, 141: 232-237.

CHATZIMPARMPAS A, MARTINS R M, KUCHER K, et al., 2021. StackGenVis: Alignment of Data, Algorithms, and Models for Stacking Ensemble Learning Using Performance Metrics[J]. IEEE TRANSACTIONS ON VISUALIZATION AND COMPUTER GRAPHICS, 27(2): 1547-1557.

CHEN S, CHEN Y, CHEN J,et al. , 2020. Retrieval of cotton plant water content by UAV-based vegetation supply water index (VSWI)[J]. INTERNATIONAL JOURNAL OF REMOTE SENSING, 41(11): 4389-4407.

CRUSIOL L G T, SUN L, SUN Z,et al. , 2022. In-Season Monitoring of Maize Leaf Water Content Using Ground-Based and UAV-Based Hyperspectral Data[J]. SUSTAINABILITY, 14(903915).

CU I B, ZHAO Q, HUANG W,et al. , 2019. Leaf chlorophyll content retrieval of wheat by simulated Rapid-Eye, Sentinel-2 and EnMAP data[J]. JOURNAL OF INTEGRATIVE AGRICULTURE,18(6):1230-1245.

de CASTRO A I, SHI Y, MAJA J M,et al. , 2021. UAVs for Vegetation Monitoring: Overview and Recent Scientific Contributions[J]. REMOTE SENSING, 13(213911).

DUAN B, LIU Y, GONG Y,et al. , 2019. Remote estimation of rice LAI based on Fourier spectrum texture from UAV image[J]. PLANT METHODS, 15(1241).

ELMETWALLI A H, TYLER A N, 2020. Estimation of maize properties and differentiating moisture and nitrogen deficiency stress via ground-Based remotely sensed data[J]. AGRICULTURAL WATER MANAGEMENT, 242(106413).

ELSAYED S, ELHOWEITY M, IBRAHIM H H,et al. , 2020. Thermal imaging and passive reflectance sensing to estimate the water status and grain yield of wheat under different irrigation regimes[C]// AGRICULTURAL WATER MANAGEMENT, 228(105873).

EVETT S R, O'SHAUGHNESSY S A, ANDRADE M A, et al. , 2020. PRECISION AGRICULTURE ANDIRRIGATION: CURRENT US PERSPECTIVES[J]. TRANSACTIONS OF THE ASABE, 63(1): 57-67.

FEI S, HASSAN M A, HE Z,et al. , 2021a. Assessment of Ensemble Learning to Predict Wheat Grain Yield Based on UAV-Multispectral Reflectance[J]. REMOTE SENSING, 13(233812).

FEI S, HASSAN M A, HE Z,et al. , 2021b. Assessment of Ensemble Learning to Predict Wheat Grain Yield Based on UAV-Multispectral Reflectance[J]. REMOTE SENSING, 13(233812).

FEI S, HASSAN M A, XIAO Y,et al. , 2023. UAV-based multi-sensor data fusion and machine learning algorithm for yield prediction in wheat[J]. PRECISION AGRICULTURE, 24(1): 187-212.

FU Z, JIANG J, GAO Y,et al. , 2020. Wheat Growth Monitoring and Yield Estimation based on Multi-Rotor Unmanned Aerial Vehicle[J]. REMOTE SENSING, 12(5083).

FU Z, ZHAO X, MIAO Q,et al. , 2010. Ensemble learning algorithm on attribute combination[J]. Journal of Computer Applications, 30: 465-468, 475.

GAO D, SUN Q, HU B,et al. , 2020. A Framework for Agricultural Pest and Disease Monitoring Based on Internet-of-Things and Unmanned Aerial Vehicles[J]. SENSORS, 20(14875).

GARCIA-TEJERO I F, GUTIERREZ-GORDILLO S, ORTEGA-AREVALO C, et al. Thermal imaging to monitor the crop-water status in almonds by using the non-water stress baselines[J]. SCIENTIA HORTICULTURAE, 238: 91-97.

GARRIGA M, ROMERO-BRAVO S, ESTRADA F, et al. , 2021. Estimating carbon isotope discrimination and grain yield of bread wheat grown under water-limited and full irrigation conditions by hyperspectral canopy reflectance and multilinear regression analysis[J]. INTERNATIONAL JOURNAL OF REMOTE SENSING, 42(8): 2848-2871.

GE H, MA F, LI Z,et al. , 2021. Improved Accuracy of Phenological Detection in Rice Breeding by Using

Ensemble Models of Machine Learning Based on UAV-RGB Imagery [J]. REMOTE SENSING, 13 (267814).

GE X, DING J, WANG J,et al. , 2020. A New Method for Predicting Soil Moisture Based on UAV Hyperspectral Image[J]. SPECTROSCOPY AND SPECTRAL ANALYSIS, 40(2): 602-609.

GILLIOT J M, MICHELIN J, HADJARD D,et al. , 2021. An accurate method for predicting spatial variability of maize yield from UAV-based plant height estimation: a tool for monitoring agronomic field experiments [J]. PRECISION AGRICULTURE, 22(3): 897-921.

GOMEZ-CANDON D, VIRLET N, LABBE S,et al. , 2016. Field phenotyping of water stress at tree scale by UAV-sensed imagery: new insights for thermal acquisition and calibration [J]. PRECISION AGRICULTURE, 17(6): 786-800.

GONG Y, YANG K, LIN Z,et al. , 2021. Remote estimation of leaf area index (LAI) with unmanned aerial vehicle (UAV) imaging for different rice cultivars throughout the entire growing season [J]. PLANT METHODS, 17(881).

GONTIA N K, TIWARI K N, 2008. Development of crop water stress index of wheat crop for scheduling irrigation using infrared thermometry[J]. AGRICULTURAL WATER MANAGEMENT, 95(10): 1144-1152.

Hirotugu A, 1974. A new look at the statistical model identification[J]. IEEE Transactions on Automatic Control,19(6): 716-723.

HASSAN M A, YANG M, RASHEED A,et al. , 2018. Time-Series Multispectral Indices from Unmanned Aerial Vehicle Imagery Reveal Senescence Rate in Bread Wheat[J]. REMOTE SENSING, 10(8096).

HASSAN-ESFAHANI L, TORRES-RUA A, JENSEN A,et al. , 2015. Assessment of Surface Soil Moisture Using High-Resolution Multi-Spectral Imagery and Artificial Neural Networks[J]. REMOTE SENSING, 7 (3): 2627-2646.

HOFFMANN H, JENSEN R, THOMSEN A,et al. , 2016. Crop water stress maps for an entire growing season from visible and thermal UAV imagery[J]. BIOGEOSCIENCES, 13(24): 6545-6563.

HOLMAN F H, RICHE A B, MICHALSKI A,et al. , 2016. High Throughput Field Phenotyping of Wheat Plant Height and Growth Rate in Field Plot Trials Using UAV Based Remote Sensing[J]. REMOTE SENSING, 8(103112).

HOMOLOVA L, MAENOVSKY Z, CLEVERS J G P W,et al. , 2013. Review of optical-based remote sensing for plant trait mapping[J]. ECOLOGICAL COMPLEXITY, 15: 1-16.

HOUBORG R, MCCABE M F, 2018. A hybrid training approach for leaf area index estimation via Cubist and random forests machine-learning[J]. ISPRS JOURNAL OF PHOTOGRAMMETRY AND REMOTE SENSING, 135: 173-188.

ILNIYAZ O, KURBAN A, DU Q, 2022. Leaf Area Index Estimation of Pergola-Trained Vineyards in Arid Regions Based on UAV RGB and Multispectral Data Using Machine Learning Methods[J]. REMOTE SENSING, 14(4152).

ISHIDA T, KURIHARA J, ANGELICO VIRAY F,et al. , 2018. A novel approach for vegetation classification using UAV-based hyperspectral imaging[J]. COMPUTERS AND ELECTRONICS IN AGRICULTURE, 144: 80-85.

JACKSON R D, IDSO S B,et al. PINTER P J, 1981. Canopy temperature as a crop water stress indicator[J]. Water Resources Research, 17(4): 1133-1138.

JI Y, CHEN Z, CHENG Q,et al. , 2022. Estimation of plant height and yield based on UAV imagery in faba bean (Vicia faba L.)[J]. PLANT METHODS, 18(261).

JONES H G, SERRAJ R, LOVEYS B R, et al. , 2009. Thermal infrared imaging of crop canopies for the remote diagnosis and quantification of plant responses to water stress in the field[J]. Functional Plant Biology, 36(10/11): 978-989.

JUNG J, MAEDA M, CHANG A, et al. , 2018. Unmanned aerial system assisted framework for the selection of high yielding cotton genotypes[J]. COMPUTERS AND ELECTRONICS IN AGRICULTURE, 152: 74-81.

KAMIR E, WALDNER F, HOCHMAN Z, 2020. Estimating wheat yields in Australia using climate records, satellite image time series and machine learning methods[J]. ISPRS JOURNAL OF PHOTOGRAMMETRY AND REMOTE SENSING, 160: 124-135.

KROSS A, MCNAIRN H, LAPEN D, et al. , 2015. Assessment of RapidEye vegetation indices for estimation of leaf area index and biomass in corn and soybean crops[J]. INTERNATIONAL JOURNAL OF APPLIED EARTH OBSERVATION AND GEOINFORMATION, 34: 235-248.

KUMAR S, ATTRI S D, SINGH K K, 2019. Comparison of Lasso and stepwise regression technique for wheat yield prediction[J]. JOURNAL OF AGROMETEOROLOGY, 21(2): 188-192.

KURSA M B, RUDNICKI W R, 2010. Feature Selection with the Boruta Package[J]. JOURNAL OF STATISTICAL SOFTWARE, 36(11): 1-13.

KUTER S, 2021. Completing the machine learning saga in fractional snow cover estimation from MODIS Terra reflectance data: Random forests versus support vector regression[J]. REMOTE SENSING OF ENVIRONMENT, 255(112294).

LI B, XU X, ZHANG L, et al. , 2020. Above-ground biomass estimation and yield prediction in potato by using UAV-based RGB and hyperspectral imaging[J]. ISPRS JOURNAL OF PHOTOGRAMMETRY AND REMOTE SENSING, 162: 161-172.

LI C, CUI Y, MA C, et al. , 2021. Hyperspectral inversion of maize biomass coupled with plant height data [J]. CROP SCIENCE, 61(3): 2067-2079.

LI C, MA C, CHEN P, et al. , 2021. Machine learning-based estimation of potato chlorophyll content at different growth stages using UAV hyperspectral data[J]. ZEMDIRBYSTE-AGRICULTURE, 108(2): 181-190.

LI F, YANG W, LIU X, et al. , 2018. Using high-resolution UAV-borne thermal infrared imagery to detect coal fires in Majiliang mine, Datong coalfield, Northern China[J]. REMOTE SENSING LETTERS, 9(1): 71-80.

LI Y, ZHANG Q, YOON S W, 2021. Gaussian process regression-based learning rate optimization in convolutional neural networks for medical images classification[J]. EXPERT SYSTEMS WITH APPLICATIONS, 184(115357).

LI Z, JIN X, WANG J, et al. , 2015. Estimating winter wheat (Triticum aestivum) LAI and leaf chlorophyll content from canopy reflectance data by integrating agronomic prior knowledge with the PROSAIL model[J]. INTERNATIONAL JOURNAL OF REMOTE SENSING, 36(10): 2634-2653.

LIN M, LYNCH V, MA D, et al. , 2022. Multi-Species Prediction of Physiological Traits with Hyperspectral Modeling[J]. PLANTS-BASEL, 11(6765).

LIN W, HUANG J, HU X, et al. , 2010. CROP YIELD FORECAST BASED ON MODIS TEMPERATURE-VEGETATION ANGEL INDEX[J]. JOURNAL OF INFRARED AND MILLIMETER WAVES, 29(6): 476-480.

LIU S, JIN X, NIE C, et al. , 2021. Estimating leaf area index using unmanned aerial vehicle data: shallow vs. deep machine learning algorithms[J]. PLANT PHYSIOLOGY, 187(3): 1551-1576.

LU N, ZHOU J, HAN Z, et al., 2019. Improved estimation of aboveground biomass in wheat from RGB imagery and point cloud data acquired with a low-cost unmanned aerial vehicle system[J]. PLANT METHODS, 15(17).

MAIMAITIJIANG M, SAGAN V, SIDIKE P, et al., 2020. Crop Monitoring Using Satellite/UAV Data Fusion and Machine Learning[J]. REMOTE SENSING, 12(13579).

MAIMAITIJIANG M, SAGAN V, SIDIKE P, et al., 2020. Soybean yield prediction from UAV using multimodal data fusion and deep learning[J]. REMOTE SENSING OF ENVIRONMENT, 237(111599).

MARQUES RAMOS A P, OSCO L P, GARCIA FURUYA D E, et al., 2020. A random forest ranking approach to predict yield in maize with uav-based vegetation spectral indices[J]. COMPUTERS AND ELECTRONICS IN AGRICULTURE, 178(105791).

MOUAZEN A M, De BAERDEMAEKER J, RAMON H, 2006. Effect of wavelength range on the measurement accuracy of some selected soil constituents using visual-near infrared spectroscopy[J]. JOURNAL OF NEAR INFRARED SPECTROSCOPY, 14(3): 189-199.

NDLOVU H S, ODINDI J, SIBANDA M, et al., 2021. A Comparative Estimation of Maize Leaf Water Content Using Machine Learning Techniques and Unmanned Aerial Vehicle (UAV)-Based Proximal and Remotely Sensed Data[J]. REMOTE SENSING, 13(409120).

PADALIA H, SINHA S K, BHAVE V, et al., 2020. Estimating canopy LAI and chlorophyll of tropical forest plantation (North India) using Sentinel-2 data[J]. ADVANCES IN SPACE RESEARCH, 65(1): 458-469.

PAGAY V, KIDMAN C M, 2019. Evaluating Remotely-Sensed Grapevine (Vitis vinifera L.) Water Stress Responses Across a Viticultural Region. AGRONOMY-BASEL, 9(68211).

PANCORBO J L, CAMINO C, ALONSO-AYUSO M, et al., 2021. Simultaneous assessment of nitrogen and water status in winter wheat using hyperspectral and thermal sensors[J]. EUROPEAN JOURNAL OF AGRONOMY, 127(126287).

PANDEY A, JAIN K, 2022. An intelligent system for crop identification and classification from UAV images using conjugated dense convolutional neural network[J]. COMPUTERS AND ELECTRONICS IN AGRICULTURE, 192.

PANEK E, GOZDOWSKI D, STEPIEN M, et al., 2020. Within-Field Relationships between Satellite-Derived Vegetation Indices, Grain Yield and Spike Number of Winter Wheat and Triticale[J]. AGRONOMY-BASEL, 10(184211).

PARK S, RYU D, FUENTES S, et al., 2017. Adaptive Estimation of Crop Water Stress in Nectarine and Peach Orchards Using High-Resolution Imagery from an Unmanned Aerial Vehicle (UAV)[J]. REMOTE SENSING, 9(8288).

QIAO L, GAO D, ZHANG J, et al., 2020. Dynamic Influence Elimination and Chlorophyll Content Diagnosis of Maize Using UAV Spectral Imagery[J]. REMOTE SENSING, 12(265016).

RASMUSSEN C E, 2004. Gaussian processes in machine learning//Bousquet O, Vonluxburg U, Ratsch G [J]. Lecture Notes in Artificial Intelligence: 63-71.

RAZAVI-TERMEH S V, SADEGHI-NIARAKI A, CHOI S, 2021. Spatial Modeling of Asthma-Prone Areas Using Remote Sensing and Ensemble Machine Learning Algorithms[J]. REMOTE SENSING, 13(322216).

SANGHA H S, SHARDA A, KOCH L, et al., 2020. Impact of camera focal length and sUAS flying altitude on spatial crop canopy temperature evaluation[J]. COMPUTERS AND ELECTRONICS IN AGRICULTURE, 172(105344).

SCHMITTER P, STEINRUECKEN J, ROEMER C, et al., 2017. Unsupervised domain adaptation for early detection of drought stress in hyperspectral images[J]. ISPRS JOURNAL OF PHOTOGRAMMETRY AND REMOTE SENSING, 131: 65-76.

SHAO G, HAN W, ZHANG H, et al. , 2021. Mapping maize crop coefficient Kc using random forest algorithm based on leaf area index and UAV-based multispectral vegetation indices[J]. AGRICULTURAL WATER MANAGEMENT, 252(106906).

SHENDRYK Y, SOFONIA J, GARRARD R, et al. , 2020. Fine-scale prediction of biomass and leaf nitrogen content in sugarcane using UAV LiDAR and multispectral imaging[J]. INTERNATIONAL JOURNAL OF APPLIED EARTH OBSERVATION AND GEOINFORMATION, 92(102177).

SU J, COOMBES M, LIU C, et al. , 2020. Machine Learning-Based Crop Drought Mapping System by UAV Remote Sensing RGB Imagery[J]. UNMANNED SYSTEMS, 8(1): 71-83.

TAO H, FENG H, YANG G, et al. , 2019. Comparison of winter wheat yields estimated with UAV digital image and hyperspectral data[J]. Transactions of the Chinese Society of Agricultural Engineering, 35(1002-6819(2019)35:23<111:JYWRJS>2. 0. TX;2-#23): 111-118.

TAO H, XU L, FENG H, et al. , 2020. Winter Wheat Yield Estimation Based on UAV Hyperspectral Remote Sensing Data[J]. Transactions of the Chinese Society for Agricultural Machinery, 51(1000-1298(2020)51: 7<146:JYWRJG>2. 0. TX;2-P7): 146-155.

TEWARY S, MUKHOPADHYAY S, 2021. HER2 Molecular Marker Scoring Using Transfer Learning and Decision Level Fusion[J]. JOURNAL OF DIGITAL IMAGING, 34(3): 667-677.

TIAN Y, HUANG H, et al. , 2021. Aboveground mangrove biomass estimation in Beibu Gulf using machine learning and UAV remote sensing[J]. SCIENCE OF THE TOTAL ENVIRONMENT, 781(146816).

VAMVAKOULAS C, ARGYROKASTRITIS I, PAPASTYLIANOU P, et al. , 2020. Crop water stress index relationship with soybean seed, protein and oil yield under varying irrigation regimes in a Mediterranean environment[J]. ISRAEL JOURNAL OF PLANT SCIENCES, 67(3-4): 181-193.

VIRNODKAR S S, PACHGHARE V K, PATIL V C, et al. , 2020. Remote sensing and machine learning for crop water stress determination in various crops: a critical review[J]. PRECISION AGRICULTURE, 21 (5): 1121-1155.

WALTER J D C, EDWARDS J, MCDONALD G, et al. , 2019. Estimating Biomass and Canopy Height With LiDAR for Field Crop Breeding[J]. FRONTIERS IN PLANT SCIENCE, 10(1145).

WANG X, ZHANG R, SONG W, et al. , 2019. Dynamic plant height QTL revealed in maize through remote sensing phenotyping using a high-throughput unmanned aerial vehicle (UAV)[J]. SCIENTIFIC REPORTS, 9(3458).

WANG G, ZHANG X, YINGLAN A, et al. , 2021a. A spatio-temporal cross comparison framework for the accuracies of remotely sensed soil moisture products in a climate-sensitive grassland region[J]. JOURNAL OF HYDROLOGY, 597(126089).

WANG J, ZHOU Q, SHANG J, et al. , 2021b. UAV-and Machine Learning-Based Retrieval of Wheat SPAD Values at the Overwintering Stage for Variety Screening[J]. REMOTE SENSING, 13(516624).

WANG Z, CHEN J, ZHANG J, et al. , 2021c. Predicting grain yield and protein content using canopy reflectance in maize grown under different water and nitrogen levels[J]. FIELD CROPS RESEARCH, 260 (107988).

WATANABE K, GUO W, ARAI K, et al. , 2017. High-Throughput Phenotyping of Sorghum Plant Height Using an Unmanned Aerial Vehicle and Its Application to Genomic Prediction Modeling[J]. FRONTIERS IN PLANT SCIENCE, 8(421).

XIE Y, WANG C, YANG W, et al., 2020. Canopy hyperspectral characteristics and yield estimation of winter wheat (Triticum aestivum) under low temperature injury[J]. SCIENTIFIC REPORTS, 10(2441).

XU J, QUACKENBUSH L J, VOLK T A, et al., 2020. Forest and Crop Leaf Area Index Estimation Using Remote Sensing: Research Trends and Future Directions[J]. REMOTE SENSING, 12(293418).

YANG B, ZHU Y, ZHOU S, 2021. Accurate Wheat Lodging Extraction from Multi-Channel UAV Images Using a Lightweight Network Model[J]. SENSORS, 21(682620).

YANG S, HU L, WU H, et al., 2019. ESTIMATION MODEL OF WINTER WHEAT YIELD BASED ON UAV HYPERSPECTRAL DATA[C]// 2019 IEEE INTERNATIONAL GEOSCIENCE AND REMOTE SENSING SYMPOSIUM (IGARSS 2019), Yokohama, JAPAN.

YUAN H, YANG G, LI C, et al., 2017. Retrieving Soybean Leaf Area Index from Unmanned Aerial Vehicle Hyperspectral Remote Sensing: Analysis of RF, ANN, and SVM Regression Models[J]. REMOTE SENSING, 9(3094).

YUE J, YANG G, LI C, et al., 2017. Estimation of Winter Wheat Above-Ground Biomass Using Unmanned Aerial Vehicle-Based Snapshot Hyperspectral Sensor and Crop Height Improved Models[J]. REMOTE SENSING, 9(7087).

YUE J, ZHOU C, GUO W, et al., 2021. Estimation of winter-wheat above-ground biomass using the wavelet analysis of unmanned aerial vehicle-based digital images and hyperspectral crop canopy images[J]. INTERNATIONAL JOURNAL OF REMOTE SENSING, 42(5): 1602-1622.

ZHANG D, LIU J, NI W, et al., 2019. Estimation of Forest Leaf Area Index Using Height and Canopy Cover Information Extracted From Unmanned Aerial Vehicle Stereo Imagery[J]. IEEE JOURNAL OF SELECTED TOPICS IN APPLIED EARTH OBSERVATIONS AND REMOTE SENSING, 12(2SI): 471-481.

ZHANG J, CHENG T, GUO W, et al., 2021. Leaf area index estimation model for UAV image hyperspectral data based on wavelength variable selection and machine learning methods[J]. PLANT METHODS, 17(491).

ZHANG J, CHENG T, SHI L, et al., 2022. Combining spectral and texture features of UAV hyperspectral images for leaf nitrogen content monitoring in winter wheat[J]. INTERNATIONAL JOURNAL OF REMOTE SENSING, 43(7): 2335-2356.

ZHAO B, DUAN A, ATA-UL-KARIM S T, et al., 2018. Exploring new spectral bands and vegetation indices for estimating nitrogen nutrition index of summer maize[J]. EUROPEAN JOURNAL OF AGRONOMY, 93: 113-125.

ZHAO R, AN L, SONG D, et al., 2021a. Detection of chlorophyll fluorescence parameters of potato leaves based on continuous wavelet transform and spectral analysis[J]. SPECTROCHIMICA ACTA PART A-MOLECULAR AND BIOMOLECULAR SPECTROSCOPY, 259(119768).

ZHAO Y, WANG J, CHEN L, et al., 2021b. An entirely new approach based on remote sensing data to calculate the nitrogen nutrition index of winter wheat[J]. JOURNAL OF INTEGRATIVE AGRICULTURE, 20(9): 2535-2551.

ZHOU L, GU X, CHENG S, et al., 2020. Analysis of Plant Height Changes of Lodged Maize Using UAV-LiDAR Data[J]. AGRICULTURE-BASEL, 10(1465).

ZHU W, SUN Z, HUANG Y, et al., 2021. Optimization of multi-source UAV RS agro-monitoring schemes designed for field-scale crop phenotyping[J]. PRECISION AGRICULTURE, 22(6): 1768-1802.

ZOU H, HASTIE T, 2005. Regularization and variable selection via the elastic net[J]. JOURNAL OF THE ROYAL STATISTICAL SOCIETY SERIES B-STATISTICAL METHODOLOGY, 67(2): 301-320.